蛇の文化史

世界の切手と蛇のはなし

内藤陽介

えにし書房

はじめに

西暦二〇二五年一月二十九日から乙巳年が始まる。わが国では、明治五年十一月九日（一八七二年十二月九日）に太陽暦が採用され、明治五年十二月二日（一八七二年十二月三十一日）の翌日を明治六（一八七三）年一月一日とし、以後、太陽暦が定着したため、太陽暦の元日をもって干支も切り替わると考えている人が大半だろう。

しかし、十干十二支を用いて六十年周期で年を数えたり記録したりする紀年法は旧暦（太陰暦）と連動したものだから、干支が改まるのは旧暦の元日、すなわち、西暦二〇二五年の場合は一月二十八日までは甲辰年で、旧暦の元日にあたる一月二十九日以降を乙巳年とするのが本来のあり方である。

ところで、子、丑、寅……の十二支は、もともとは単純に順序を表す記号で動物とは無関係だったが、「人々が暦を覚えやすくするために、同音の字の身近な動物を割り当てた」と後漢時代の王充の『論衡』では説明されている。

このうち〝巳〟の文字は、『漢書　律暦志』によれば、「止む」を意味する〝已〟とされ、草木の成長が極限に達して、次の生命が宿され始める時期と解されている。また〝巳〟の文字は、胎児を表す象形文字で、「新しく産まれてくる」、「将来・未来がある」、「子孫繁栄」、「家族が平和になる」といった意味がある。

一方、蛇は脱皮によって成長することから、多くの文化圏では「復活と再生」のシンボルとされ、中華世界でも不老長寿や強い生命力につながる縁起のいい動物と考えられていた。

こうしたことから、巳年の動物には蛇を当てるようになったのだろう。ちなみに、わが国でも古代では蛇信仰が盛んで、現在でも「蛇の抜け殻を財布に入れておくと金運がアップする」という俗信を実践している人は少なくない。

その一方で、蛇は、その姿かたちに不快感を持つ人が多いことや、人間を死に至らしめる毒を持つ種もあること、神話での悪役として登場する事例も少なくないことなどから、忌避されることも多い。そこから、自分たちに害をなす悪の象徴として蛇を描き、蛇退治の図像で敵を打倒するイメージを表現した事例も世界各国で多く見られる。

本書では、そうした蛇をめぐるポジティヴ・ネガティヴ、さまざまなイメージの背景にある歴史的・社会的文脈について、主に切手を手掛かりとして読み解いてみたいと考えている。

日本の郵政は株式会社化（一般には〝民営化〟といわれることが多い）されたが、歴史的に見ると（現在でも多くの国では）、切手は国家の名において発行されてきたから、そこには、発行国の政治的主張や歴史観が反映されることが多い。たとえば、多くの国は、戦時には戦意昂揚のための切手を発行するし、五輪や万博などの国家的行事に際しては記念切手が発行される。明治の元勲・伊藤博文を暗殺した安重根が、韓国では〝義士〟として切手に取り上げられているように、切手を通じて自国の歴史観を拡散しようとする国もある。

また、政治的主張とは別に、その国を代表する風景や文化遺産、動植物を描く切手は盛んに発行されており、そうした切手が郵便物に貼られて全世界を流通することで、人々はその国の片鱗に触れることができる。

一方、切手に押された消印の地名からは切手の使用地域を特定することが可能となるし、印刷物としての切手の品質は、発行国の技術的・経済的水準をはかる指標となるほか、郵便料金の推移は物価の変遷と密接にリンクしている。そこから得られた情報もまた、その国の実情を我々に伝えるメディアとなっている。

しかも、切手を用いる郵便制度は、十九世紀半ば以降、世界中のほぼすべての地域で行われているから、各時代の各国・各地域の切手や郵便物を横断的に比較すれば、各国の国力や政治姿勢などを相対化して理解することができる。

　このように、切手や郵便物を手掛かりに国家や社会、時代や地域のあり方を読み解いていこうというのが、筆者の考える〝郵便学〟なのだが、本書ではその手法を使って、蛇と切手が結びつくことで生まれた物語の数々をご紹介していきたい。

蛇の文化史〈目次〉

第1章　鏡餅と蛇神信仰

令和七（二〇二五）年用の年賀はがき（インクジェット紙）の印面には、三宝の上の鏡餅に見立てられた白蛇が描かれている（図1）。

一見、なんということのないデザインのようにも見えるが、日本古来の蛇神信仰を考えると、実に興味深い組み合わせである。

そこで、まずは日本人の精神文化と蛇の関係について論じた古典的名著とされる吉野裕子の『蛇　日本の蛇信仰』（講談社学術文庫）に依拠しつつ、このデザインの意味について考えるところから始めることにしよう。

ヤマタノオロチを赤カガチ

平安時代の大同二（八〇七）年に斎部広成がまとめた『古語拾遺』には「古語に大蛇を羽羽《ハハ》といふ」との

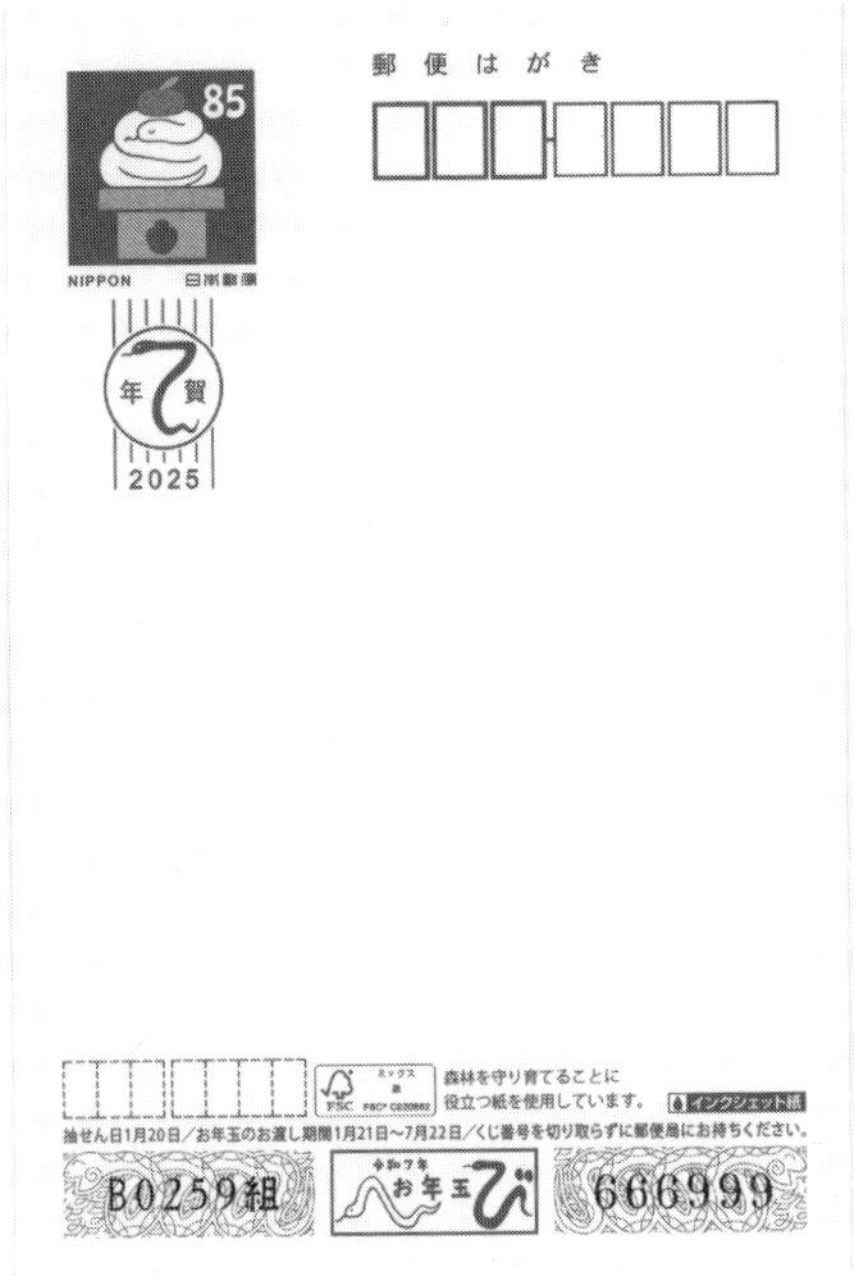

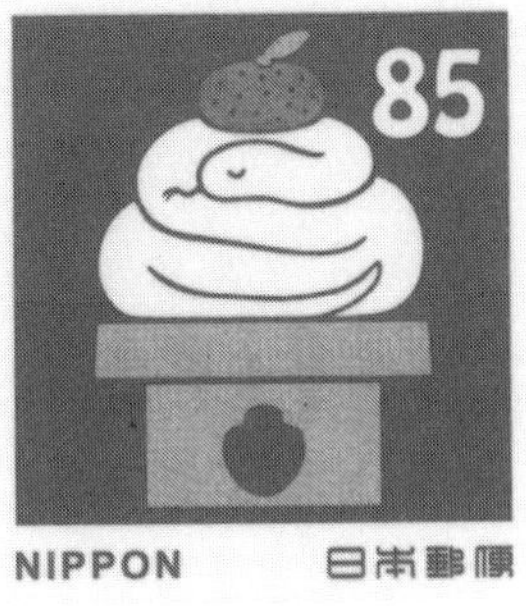

図1　令和7年用の年賀はがきとその印面。

記述があるが、この〝ハハ〟は、古くは〝カカ／カガ〟と発音されていたと考えられている。

　蛇の目には瞼《まぶた》がないため、常に開きっぱなしで瞬《まばた》きがない。このため、瞬きのない蛇の目に見られると、じっと睨みつけられているように感じ、人々に強烈な印象を与える。

　『古事記』にはヤマタノオロチ（八俣遠呂智）の姿かたちについて「彼が目は赤カガチの如くにして身一つに八つの頭八つの尾あり」との記述があり、『日本書紀』は猿田彦神の容姿を「眼は八咫鏡《やたのかがみ》の如くにして、てりかがやけること赤カガチに似れり」と説明している。

　記紀のテキストにある〝赤カガチ〟とはホオズキのことだが、カカチ／カガチはもともと大蛇を指す古語で、ホオズキの実莢の形が蛇、とりわけ赤マムシの頭部に似ていることに由来する語であったが、記紀神話が叙述される時代になると、ホオズキの実の赤さを大蛇の目の赤さにたとえるものと理解されるようになったようだ。

　念のために、赤カガチのような眼を持つとされたヤマタノオロチの物語について確認しておこう。

　乱暴狼藉を働いたため、天上の高天原を追放されたスサノオノミコト（須佐之男命、素戔嗚尊。以下、スサノオ）は出雲国の肥河（島根県斐伊川）のほとりに降り立った。ふと川を見ると箸が流れてきたので、川上の方へ歩いていくと、大山津見神の子のアシナヅチ（足名椎命）とテナヅチ（手名椎命）の夫婦に、娘のクシナダヒメ（櫛名田比売、イナダヒメノミコト＝稲田姫命とも）が泣いていた。

　もともと、夫婦の娘は八人いたが、年に一度、高志から八つの頭と八本の尾を持った巨大な怪物、ヤマタノオロチがやって来て娘を食べてしまい、クシナダヒメが残るのみとなったが、その彼女も食べられてしまうのだと。

　そこで、スサノオは、クシナダヒメとの結婚を条件にオロチ退治を請け負うと、彼女の姿を櫛に変えて自分の髪に挿した。そして、夫婦に八塩折之酒と呼ばれる強い酒を用意させ、八つの門を作ってその前に酒を満たした酒桶を置くよう命じた。

　スサノオが待っているとオロチがやって来て、八つの頭をそれぞれの酒桶に突っ込んで酒を飲み、酔って寝てしまった。そこで、スサノオはオロチを十拳剣で切り刻んで退治したが、尾を切ったとき、剣の刃が欠け、中から大刀が出てきた。スサノオはこの大刀を天照大御神に献上した。これが三種の神器の一つ、〝草那藝之大刀（天叢雲剣）〟である（図2）。

その後、スサノオはクシナダヒメを櫛から元に戻して妻とし、出雲の根之堅洲国にある須賀の地に宮を建てて住み、大国主命らの祖先になった。同地でスサノオが詠んだ「八雲立つ　出雲八重垣　妻籠に　八重垣作る　その八重垣を」は、日本最初の和歌とされている。

スサノオがクシナダヒメと住んだとされる須賀の地に創建された八重垣神社の本殿内には、寛平五（八九三）年に宮廷画家の巨勢金岡が六神を描いた壁画の〝板絵著色神像〟（かつては神官のみが拝謁できた）がある。そのうちの〝素盞嗚尊（図3）〟と〝稲田姫命（図4）〟は平成二十四（二〇一二）年に発行された「古事記編纂一三〇〇年」の切手にも取り上げられたが、オロチそのものを描く切手は発行されなかった。

図2　スサノオノミコトによるヤマタノオロチ退治の場面を取り上げた戦前の絵葉書。

図３　2012 年 7 月 12 日に発行された " 古事記編纂 1300 年 " の記念切手のうち、八重垣神社蔵の板絵著色神像「伝素盞嗚尊」を取り上げた 1 枚。

図4　同じく「伝稲田姫命」を取り上げた１枚。

カガメと蛇の目

古代の人々が蛇の眼光に畏怖の念を抱いていたことは、『日本書紀』の「雄略記」七年七月条の以下の記述からもうかがえる。

天皇、少子部連《ちひさこべのむらじ》蜾蠃《すがる》に詔して曰はく、「朕、三諸岳の神の形を見むと欲ふ。汝、膂力人に過ぎたり。自ら行きて捉て来」とのたまふ。蜾蠃、答へて曰さく、「試に往りて捉へむ」とまをす。乃ち三諸岳に登り、大蛇を捉取へて、天皇に示せ奉る。天皇、斎戒したまはず。其の雷虺虺きて、目精赫赫く。天皇、畏みたまひて、目を蔽ひて見たまはずして、殿中に却入れたまひ、岳に放たしめたまふ。仍りて改めて名を賜ひて雷とす

当時、三諸岳（三輪山）の大物主神は蛇神と考えられていたが、力自慢の蜾蠃が三輪山で捕えてきた大蛇の眼光はすさまじく、武勇で知られた雄略天皇でさえ、雷にも似たその眼光に射すくめられてしまい、早々に

右・図5　古代の銅鏡のうち、隅田八幡宮人物画象鏡を取り上げた80円切手。鏡は5～6世紀に造られたもので、日本最古の金石文のひとつ。

左・図6　同じく、神人車馬画象鏡を取り上げた第3次国宝シリーズの切手。

山へとお帰りいただいたというエピソードだ。

そうした蛇の眼光への畏怖の念は〝蛇の目〟としての〝カガメ〟への信仰につながったが、〝カガメ〟はやがて〝カガミ〟と転訛し、大陸からもたらされた鏡を珍重することにつながった。

漢字の〝鏡〟には〝蛇〟や〝蛇の目〟の意味は全く含まれていないが、古代の日本に大陸からもたらされた鏡は、宝物として貴重品であっただけでなく、円形で光り輝き、背面が二重に縁どられている（図5、6）などの特徴から、古代日本人の間では〝蛇の目〟を模したものと理解され、信仰の対象にまで高められていったと考えられている。

実際『魏志』倭人伝には、邪馬台国女王、卑弥呼の使者が魏の明帝（曹叡）に拝謁し、銅鏡百枚を賜ったという記述がある。実際に下賜された鏡の数が百面であったかどうかはともかく、多数の鏡が贈られたことは間違いないが、『魏志』の「東夷伝」の他の国・地域の記述ではこれほどの数の鏡を贈ったとの記述はない。しかも、魏から倭へは二回にわたって鏡が贈られており、倭人の鏡に対する執着はかなりのものであったことが確認できる。

そうした古代人の鏡への執着は、わが国の古墳から多数の鏡が出土していることからも明らかだが、その背景には、〝カガメ〟すなわち〝蛇の目〟に対する畏怖の念や蛇神への信仰があったことは間違いなかろう。

ちなみに、図6の神人車馬画象鏡が出土した江田船山古墳（熊本県玉名郡和水町＝旧菊水町）からは、切手に取り上げた鏡の他にも五枚の銅鏡が出土しているほか、日本最古の本格的記録文書で、上述の雄略天皇に関する七十五文字の銘文、すなわち、

「治天下獲加多支鹵大王世奉事典曹人名无利弖
八月中用大鉄釜并四尺廷刀八十練九十振三寸上
好刊刀服此刀者長寿子孫洋々得□恩也不失其所
統作刀者名伊太和書者張安也
（大意：ワカタケル大王、すなわち雄略天皇の時代にムリテが典曹という文書を司る役所に仕えていた。八月に大鉄釜で丹念に作られためでたい大刀である。この刀を持つ者は、長寿であって、子孫まで栄えて治めることがうまくいく。大刀を作ったのは伊太□《ワ》で、銘文を書いたのが張安である）」

を記した太刀が出土したことでも有名である。

蛇神の目には雄略天皇さえをも怯ませるほどの迫力があることから、蛇の目を模した二重の円で構成される〝蛇の目〟の文様は、災いから守り、幸運をもたらす吉祥紋として現在でも広く用いられているが、中でもとくに有名なのが蛇の目傘だろう。

蛇の目傘

傘を開いた状態で、紺や赤など基本となる色に白く太い円が入る蛇の目傘は、十七世紀の終わりごろから作られるようになったと考えられているが、正徳年間（一七一一―一六）に歌舞伎の「助六」で小道具として用いられた（図7）のをきっかけに流行・普及したと言われている。

なお「助六」は、大坂千日前で、京都島原の遊女揚巻と萬屋助六が心中した事件を題材にした上方歌舞伎の〝助六もの〟を、市川団十郎（二代目）が正徳三（一

七一三）年に「花館愛護桜《はなやかたあいごのさくら》」の題名で上演したのが江戸での初演で、これをもとに、正徳六（一七一六）年、物語の背景に『曾我物語』を取り入れて演じられた「式例《しきれい》和《やわらぎ》曾我《そが》」が、現在一般に「助六」として知られる「助六《すけろく》由縁《ゆかりの》江戸《えど》桜《ざくら》」である。なお、「助六由縁江戸桜」は市川家のお家芸であるため、他の家が上演するときは「助六《すけろく》曲輪《くるわの》菊《ももよぐさ》」（尾上菊五郎家の場合）など、別の題名で演じられる。

物語のあらすじは以下の通りである。

図７　蛇の目傘を広げる助六のイメージ（2018 年に発行された " 日本の伝統・文化シリーズ " 第１集の１枚）。

花川戸助六という侠客に姿をやつした曾我五郎は、源氏の宝刀〝友切丸〟を探すため吉原に通い、遊客にわざと喧嘩を仕掛けて刀を抜かせようとしていた。その過程で、自分と恋仲にある花魁揚巻に言いよる〝髭の意休〟（実は平家の残党・平内左衛門）が友切丸を持っていると悟り、意休を斬って友切丸を奪還して吉原を抜け出した……。

図８　1983 年発行の近代美術シリーズ第 15 集に取り上げられた伊藤深水の「吹雪」は、妻の好子をモデルに、蛇の目傘を深くさして雪を避けながら足早に行く女性の姿が躍動感あふれる筆致で描かれている。

歌舞伎をきっかけに広まった蛇の目傘は、従来の番傘に比べて細工が細かく、装飾が施されているのが特徴。蛇の目紋が魔除けの意味を持つだけでなく、傘そのものが、を広げると末広がりとなることから「降り注ぐ困難から身を守る」、「一つ屋根の下末永く幸せに」という思いを込めた嫁入り道具の一つとしても用いられるようになった（図8）。

大正十四（一九二五）年に発表された童謡の「あめふり」（北原白秋作詞）で「じゃのめでおむかえ　うれしいな」とうたわれている〝かあさん〟の蛇の目傘も、主人公の母親が嫁入りの際に持ってきたものだったのかもしれない。

蛇と歳神

さて、当初、蛇の目を指す言葉だったカガメは、後にカガミに転訛し、そこから〝蛇の身〟すなわち蛇そのものを意味する用例が現れた。

年初にあたって歳神を迎える礼代（捧げもの）ないしは依り代として作られる鏡餅（図9）はそうした背景から生まれたものと考えるのが自然だろう。すなわち、鏡餅は二段に重ねた餅の姿は横から見るととぐろ

図９　三宝に載せられた鏡餅を描く“和の食文化シリーズ”の切手。

を巻いた蛇の姿を模しており、上から見ると（降臨する歳神の視点で見ると）大小二重の円は〝蛇の目〟の造形になっている。

しかし、時代とともにカガメ／カガミの本来の意味は忘れ去られてしまい、その結果、鏡餅は「円形で表面がつるつるしていて鏡のようだから鏡餅と呼ばれる」という理解が主流になった。ただし、この説明では、鏡餅を二重（場合によっては三重）に重ねて飾る理由が説明できない。

ちなみに、新年に訪れる歳神の姿については、各地の伝承でさまざまに語られているが、おおむね

①一本足である
②海または山から来る
③蓑笠をつけている
という共通の特徴があり、古代の蛇神信仰の痕跡が濃厚にうかがえる。

その歳神を迎えるために張られる〝しめ縄（図10）〟は、神域と俗界、あるいは常世と現世の端境や結界を表すもので、『古事記』では、その起源について以下のように説明している。

スサノオの狼藉に困り果てた天照大神が天岩戸へ隠れてしまったため、世界は闇に包まれた。そこで、神々は賑やかな宴を催し、天照大神がその様を覗き見ようと岩戸から顔を出した際に、アマノタジカラオ（天手力男神）が天照大神を引き出し、フトダマノミコト（布刀玉命）が岩戸に〝尻久米縄《しりくめなわ》〟を張り、彼女が二度と岩戸に戻れないようにした。

図10　二見が浦の夫婦岩を描く伊勢志摩国立公園の切手。男岩と女岩の間にかけられた“しめ縄”もはっきり見える。

尻久米縄の〝尻〟は端、〝久米〟は動詞の〝出す〟の意味で、そのまま現代語に直すと〝藁の端を切り整えないまま渡した縄〟ということになるが、〝シリクメ〟に近い言葉として、トンボの交尾を意味する〝シリクミ〟という語もあり、縄をより合わせた形状は、雌雄の蛇が絡み合って交尾を行う姿を連想させるものともなる。

実際、蛇の交尾はきわめて濃厚で、ハブの中には二十六時間以上もかけて交尾を行うものもある。

蛇を信仰の対象としていた古代の人々が、冬眠前後の季節、山中などの餌の多い場所に集まり、濃厚な交尾を行い、多くの卵を産むのを見れば、それにあやかって、蛇のような霊力・生命力を自らに取り入れ、集団としての子孫繁栄を願って性交儀礼を行おうと考えるのも自然の成り行きであったろう。

たとえば、『万葉集』巻九には、高橋虫麻呂による「筑波嶺に登りて嬥謌會《かがひ》を為る日に作れる歌一首」が収められている。

鷲の住む　筑波の山の　裳羽服津《もはきつ》の
その津の上に　率《あども》ひて　未通女壮士《をとめおとこ》の
行き集ひ　かがふかがひに　人妻に
我も交らむ　我が妻に　人も言問へ
この山を　うしはく神の　昔より
禁《いさ》めぬわざぞ　今日のみは
めぐしもな見そ　言もとがむな

歌の大意は、「鷲が住む筑波の山の裳羽服津の上で、集まってきた若い男女が〝かがひ〟をする。その夜には、人妻に私も交わろう。私の妻ともだれか交われ。この山を治めている神様も昔から許していることだ。今日だけは女を哀れと思うな、男にも目くじらを立てるな」というもので、〝かがひ〟の語には、現在では一般に〝歌垣〟の文字が当てられている。おそらく、男女の乱交に歌のやり取りが伴ったことによるものだろうが、名詞の〝歌垣〟の読みは〝カガイ〟で〝カガヒ〟とは異なり、動詞化しても〝カガフ〟とはならない。

これに対して、カカ／カガが蛇を意味する古語であったことを想起するなら、動詞の〝カガフ〟は〝蛇のように行動する〟の意味であり、その名詞形の〝カガヒ〟は〝蛇の真似をすること〟という意味になることは容易に理解できる。

虫麻呂の歌に「今日のみは」とあることから、筑波山の〝かがひ〟はあくまでも特定の日時・場所を限って、蛇を真似る性交儀礼であり、日常的に男女の乱交が是認されていたわけではないことがうかがえる。

歳神の姿が蛇神（に近いもの）と認識されているのであれば、新年の年縄として飾る〝しめ縄〟が蛇の姿や、その生命力の象徴である雌雄の交尾の姿を模したものとなるのも自然なことである。

蛇の交尾をかたどったしめ縄を飾り、とぐろを巻いた蛇の象徴としての鏡餅を置き、その卵を思わせる円形で卵型の餅を新年の祝膳で食す……日本の新年は蛇神信仰と密接に結びついてきたのである。

麦わらへび

しめ縄以外にも、蛇神の霊力にあやかるべく、藁で蛇をかたどったものとしては、厄除けの〝麦わらへび〟がある。

　麦わらへびのはじまりは、江戸時代の宝永年間（一七〇四―一一）に江戸・駒込村の農民、喜八が三尺（約九〇センチ）ほどの蛇を編んで地元の富士神社に奉納したところ、その夏に流行したコレラの災禍を逃れたと噂され、厄除けとして広まったことにあるとされる。

　当初は、麦わらへびと江戸時代の富士信仰は無関係だったが、富士神社の祭礼が行われる旧暦六月一日は、〝むけの節句〟ないしは〝衣脱《きぬぬぎ》の朔日〟と呼ばれ、桑の木の下で蛇の脱皮が見られるとか、蛇の脱皮に合わせて人間も衣を脱ぐといった俗信があることから、それにちなんで、富士神社がこの玩具を授与するようになったようだ。

　初期の麦わらへびは、大きな笹に麦わらでつくった蛇を絡ませたもので、信徒が買い受けて担いで帰り、室内や井戸端に飾って厄除けとしていたが、後に小型のものも作られるようになった。また、江戸時代には各所に駒込の富士権現が分祀されたが、その結果、各地の神社で授与される〝麦わらへび〟にもさまざまなヴァリエーションが生じている。

　こうした中で麦わらへびは、第二次世界大戦以前、浅草の浅間富士神社では、旧暦六月一日の祭礼の際に麦わらへびを授与していたが、浅間富士神社が戦災で焼失したため、戦後は浅草での麦わらへびは途絶えていた。

図 11　麦わらへびを取り上げた昭和 40 年用の年賀切手とへび部分の拡大。

　これに対して、郷土玩具師として九代亀谷善七を名乗っていた大西要は、昭和三十三（一九五八）年頃、東京の日本橋三越で開催された観光連盟主催の郷土玩具展に、かつて浅間富士神社で授与されていたものと〝同型〟とする麦わらへびを出品。これが優秀作品として推奨されて販売され、昭和四十（一九六五）年の年賀切手（図11）にも取り上げられることになった。

　大西の麦わらへびは、長さ七－八センチのメダケ二本、長さ約一四センチの麦わら数本と赤色の経木を組み合わせ、杉の葉を配した構造で、中心には鐘の撞木をかたどった心棒が立てられ、蛇を表現しているのは中央のピンク色の紙に巻きついている部分である。

　これに対して、浅間富士神社の焼失により本来の麦わらへびは廃絶したと考える専門家も多く、その一人であった坂本一也は、『切手趣味』への寄稿で、名指しこそ避けながら、大西の麦わらへびは〝類似のもの〟にすぎず、「文献からとつたものでなく漠然と、こういうものであつた、という口伝により創作されたもので、作者の心理が疑わしい駄作である」と酷評した。

　なお、切手に取り上げる郷土玩具の選定に際して、郵政省は昭和三十九（一九六四）年五月頃から、干支の蛇に関する郷土玩具の調査を開始し、東京都の〝麦わらへび〟、〝木製の蛇〟、〝竹へび〟、三重県の〝巳玉〟、大阪府の〝住吉の巳〟、〝巳絵馬〟、栃木県の〝蛇頭〟、それに、東京・佐賀・千葉などでの十二支鈴を候補としてピックアップしていた。

　これらの中から数種の下図がつくられ、六月二十二日の郵務局における協議の結果、実物の蛇に近いものはグロテスクであるという理由で排除され、候補としては〝麦わらへび〟と〝竹へび（これは、十二年後の昭和五十二年用の年賀切手に取り上げられた。図12）〟に絞り込まれた後、十二支とは無関係の郷土玩具の中からも複数の下図をつくって検討した結果、最終的に、麦わらへびが切手として採用されたという経緯がある。

図12　大山阿夫利神社の“竹へび”を取り上げた昭和52年用の年賀切手。

還城楽

　正月の鏡餅や雑煮の丸餅は蛇やその卵をイメージしたと考えられる食物だが、蛇そのものを食べる風習に関するものとしては、雅楽の「還城楽」がある。

　雅楽は、日本古来の儀式音楽や舞踊などと、仏教伝来の飛鳥時代から平安時代初めにかけての四百年間あまりの間に中国大陸や朝鮮半島から伝えられた音楽や舞、そして平安時代に日本独自の様式に整えられた音楽などの総称で

①国風歌舞（日本に古くから伝わるもの）
②唐楽（中国、インド、東南アジアなどから伝来したもの）
③高麗楽（朝鮮、中国北東方面などより伝来したもの）
④催馬楽（平安時代以降に作られたもので、民謡などの歌詞に拍節的な節をつけて歌うもの）
⑤朗詠（同じく、平安時代以降のもので、漢詩に非拍節的な節をつけて歌うもの）

に大別されるが、「還城楽」は中国から伝来した唐楽のひとつである。

「還城楽」の主人公は胡人（中国の西方・北方の異民族）。舞台に登場した彼が、打楽器の奏でるリズムに合わせて足を打ち踏みながら歩き回り、撥で天を突き、夢中になって舞っていたところ、その背後に〝蛇持ち〟の演者がそっと現れる。

蛇持ちは、扇の上に作り物の蛇を載せて舞台に上がり、蛇を置くと静かに舞台を降りる。

その間にも胡人は一心不乱に舞い続け、しばらくの間、蛇持ちには気づかないのだが、ふと、後ろを振り向いて蛇の存在に気づき、飛び上がる。この場面は非

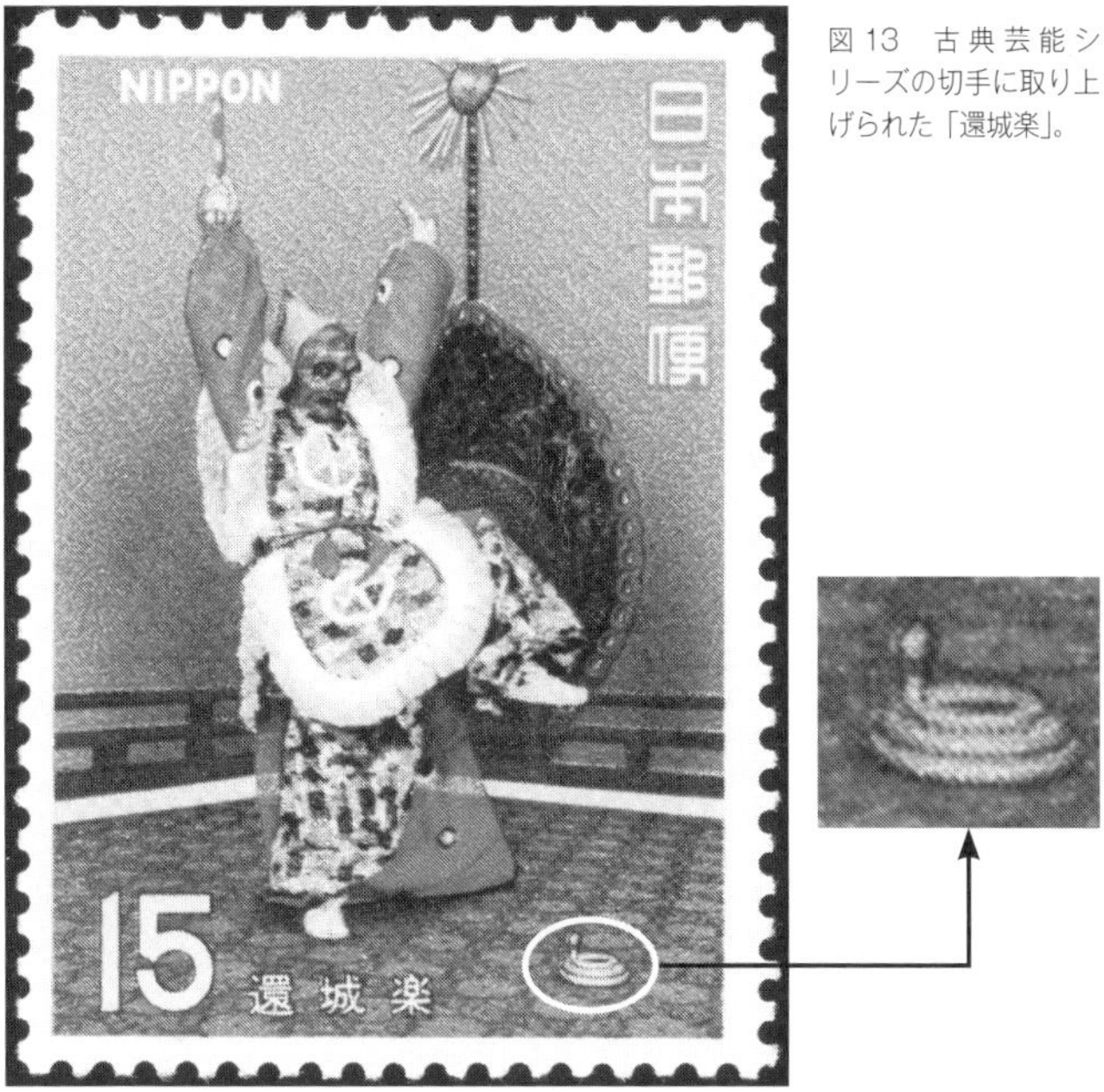

図13　古典芸能シリーズの切手に取り上げられた「還城楽」。

常に有名で、昭和四十六（一九七一）年四月一日に発行された古典芸能シリーズの切手（図13）にもこの場面が取り上げられている。ちなみに、切手の図案は、宮内庁楽部の庁舎中央にある舞楽舞台での演技を木村正が撮影した写真を基に制作された。

この場面については、胡人は蛇を食材として尊ぶため、蛇を見つけて大いに喜んだというのが一般的な説明だ。

現在の日本人の感覚では、蛇肉はゲテモノの類とされがちだが、かつて農村などでは、貴重な動物性たんぱく源として食されることも珍しくなかった。奄美や沖縄のハブ酒やハブ料理は有名だ。

なお、蛇を用いた伝統料理は世界各地に存在するが、シルクロードという言葉から連想される中国の北方や西域よりも、むしろ現在の広東省や台湾、ヴェトナムなど南方地域の方が蛇を好んで食してきた歴史がある。

さて、蛇を見つけた胡人は、なかなか蛇を捕らえず、その周囲を巡りながら様子を伺い、ひとしきり距離を測ったあと、むんずと蛇を掴み、無抵抗の蛇はとぐろの形もそのままに舞人の手に収まり、胡人は誇らしげに四方に向かって決めのポーズを取る。

舞曲としてはここからが本番で、伴奏のテンポは徐々に上がり、撥と蛇を持ちながら見事な足捌きで躍動的に舞う姿が、「還城楽」の見せ場となっている。

鎌倉時代初期、天福元（一二三三）年、興福寺の雅楽士、狛近真が撰述した『教訓抄』（雅楽の口伝を体系的に集成した書物）によると、「還城楽」を秘伝として伝えてきた大神家の晴遠は死後七日の後に蘇り、次のように語ったという。

冥界で閻魔大王の前に引き出されたところ、「お前は代々、興福寺で奉納される『還城楽』の秘曲を伝えてきた家の者だが、その秘儀を全て子らに伝授してから死んだのか」と問われ、「悲しいかな、死期を知らず、二つの舞手順を伝えずに来てしまいました」と応えた。すると、閻魔大王は驚いて三日間の暇を下さり「現世に戻ってその手順を教えてこい」と仰った。

その後、晴遠は嫡男を呼んでその二手を教え、三年の後に亡くなったという。

同じく鎌倉時代初期の建暦二（一二一二）年から建保三（一二一五）年にかけて源顕兼が編んだ『古事談』には、伶人の清原助元が職務怠慢で禁固され、夜中に大蛇に襲われた際、腰から笛を抜いて「還城楽」を吹いたところ蛇が退散したことにちなみ、その笛を〝蛇《じゃ》逃《にがし》〟と名付けたという逸話が掲載されている。

なお、「還城楽」については、七一〇年、専横を極めていた韋后（則天武后）一派に対して即位前の玄宗が挙兵し、勝利の後に京師に還り、この曲を作ったのが楽曲の由来で、宗廟で奏すると霊魂が蛇となって出現したため〝見蛇楽〟と名付けられたとの伝承もある。

清姫伝説

ところで、蛇神の強すぎる霊力は人間にとっては諸刃の剣のようなもので、それがネガティヴな方向に強調されると、怨念・怨霊と蛇を結び付けて語る物語が生まれる。その代表的な事例といえば、なんといっても安珍・清姫伝説だろう。

安珍・清姫伝説は口承で日本全国に広く流布したため、時代や地域によって細部にさまざまな相違があるが、その原型は長久年間（一〇四〇―四四年）に首楞厳院（比叡山の横川中堂）の鎮源が著した『大日本国法華験記（法華験記）』に所収の説話とされている。

延長六（九二八）年夏、醍醐天皇の御代のこと。奥州白河より美形の僧、安珍が熊野に参詣に来て、紀伊国牟婁郡（現在の和歌山県田辺市中辺路）真砂の庄司清次の家で宿を借りた。清次の娘、清姫は安珍に一目惚れし、夜這いを試みたが、安珍は参拝中であることを理由に清姫を拒絶し、参拝後に彼女を再訪することを約束して宿を後にした。しかし、彼は参拝後も清姫を訪ねることなかった。

清姫は裸足のまま安珍を追いかけ、上野の里で追いついたが、安珍は別人だと嘘をついて彼女を相手にせず、熊野権現の霊力で清姫を金縛りにして、その隙に逃げ出そうとした。

これに激怒した清姫はついに大蛇と化して安珍を追う。安珍はなんとか日高川を渡って道成寺に逃げ込み、梵鐘を下ろしてもらってその中に逃げ込んだが、清姫は鐘に巻き付き、鐘の中の安珍を怒りの炎で焼き殺してしまった。

安珍を滅ぼした後、清姫は蛇の姿のまま入水。二人は畜生道に落ちて蛇に転生するが、道成寺の住持の唱える法華経の功徳により成仏する。後に、天人の姿で住持の夢に現れた二人は、それぞれ熊野権現と観世音菩薩の化身であったことを明かし、法華経の有り難さを讃えて物語は終わる。

ただし、安珍・清姫伝説の初期の形態では、清姫は大蛇の姿になるものの、彼女の頭に角が生えていたか否かは必ずしも定かではない。

一方、これとは別に、怨霊に取りつかれた女が角のある蛇の姿になるというモチーフは、遅くとも十三世紀には人々の間に流布していたようで、鎌倉時代の歴史書『吾妻鏡』文応元年十月十五日（一二六〇年十一月十九日）条には以下のような記述がある。

相州政村の息女邪気を煩い、今夕殊に悩乱す。比企判官の女讃岐の局の霊祟りを為すの由、自託に及ぶと。件の局大蛇と為り、頂に大角有り。火炎の如き、常に苦を受け当時比企谷の土中に在るの由発言す。これを聞く人身の毛を堅くすと。

文中の相州政村は鎌倉幕府第七代執権（在職：文永元－五／一二六四－六八年）の北条政村のことで、比企判官は建仁三（一二〇三）年の〝比企能員の変〟で非業の死を遂げた比企能員のこと。能員の没後半世紀以上が過ぎて、能員の娘と思われる〝讃岐の局〟が角のある大蛇の姿で現れ、政村の娘に祟りをなしているという。

政村とその娘への怨霊の祟りはその後も続き、『吾妻鏡』の同年十一月二十七日（十二月三十日）条にも次のように記されている。

今日相州（政村）一日経を頓写せらる。これ息女邪気に悩む。比企判官能員の女子の霊託に依って、彼の苦患を資けんが為なり。夜に入り供養の儀有り。若宮の別当僧正を請じ唱導と為す。説法の最中、件の姫君悩乱し、舌を出し唇を舐り、身を動かし足を延ばす。偏に蛇身の出現せしむに似たり。聴聞の為霊気来臨するが由と。僧正加持せしむの後、惘然として言を止む。眠るが如くして復本すと。

これによると、政村は娘のために〝一日写経（大勢が集まって、一部の経文、おもに「法華経」を一日で写し終えること）〟を行うとともに、鶴岡八幡宮別当の隆弁が加持祈祷を行い、舌を出し、唇をなめ、身を動かし、足を伸ばすなど、あたかも蛇が表れたかのような動きをしていた政村の娘を怨霊から救い、元に戻したという。ちなみに、隆弁は、宝治元（一二四七）年に九条頼経やその支持勢力が執権・北条時頼打倒を画策して起こした〝宝治合戦〟の際、天台・真言の密教の僧が時頼打倒の祈祷を行ったのに対して、彼だけが時頼の依頼を受けて時頼勝利の祈祷を行い、時頼が勝利したことで鶴岡八幡宮の別当に任じられた人物。当時の鎌倉では最強の霊能者とみられており、執権の娘に取りついた怨霊を祓えるのは彼しかいないというのが衆目の一致するところだった。

能楽師、観世信光（永正十三年七月七日：一五一六年八月五日没）の手になる「鐘巻」は安珍・清姫伝説に想を得た演目で、これを原型として能の「道成寺」や歌舞伎の「娘道成寺（図14）」、浄瑠璃の「道成寺」などが生まれたが、その過程で蛇と鬼女との融合が見られるようになる。

すなわち、能楽の発展に伴いさまざまな演目がつくられると、鬼女の面にもさまざまなヴァリエーションが生じることになったが、鬼女としての発達段階の順番に見ていくと、まず、鬼女になりきる以前の女性の状態として、〝生成〟という面がある。

図14 「娘道成寺」を取り上げた古典芸能シリーズの切手（1970年発行）。

生成の状態では、まだ魔性が充分に徹底しないため、短い角が少しだけ露出している状態で表現されている。また、通常の女性の面影も残っており、大きく口を開いて舌を見せている。

生成はやがて魔性が貫徹して鬼女・般若になり、その性質によって、白般若は上品さ、黒般若は下品さ、赤般若は強い怒りを表現するものとして能面が使い分けられる。

さらに、嫉妬と恨みが強烈すぎて、ほとんど蛇になってしまった鬼女は〝真蛇〟と呼ばれ、その面は、角の下の顔はほぼ蛇とし、耳は取れ、口は耳まで裂けて舌が覗き、牙も長く、髪もほとんどない姿で表現される。

能の「道成寺」でシテの役者が角の生えた真蛇をかぶる演出になっているのは、あるいは、讃岐の局の伝承にある〝角のある蛇女〟のイメージが取り込まれたからなのかもしれない。

なお、安珍・清姫伝説と「道成寺」は海を越えて琉球にも伝わり、組踊の「執心鐘入」として独自の作品となる。

組踊りは、一七一九年、大陸からの冊封使をもてなす踊奉行の玉城朝薫が、重陽の宴にあたって創作・上演した楽劇。このうち、「執心鐘入」のあらすじは以下のとおりである。

主人公の中城若松は、王府のある首里に奉公へ向かう途中、日が暮れて道に迷い、ある家に一夜の宿を乞うた。最初、その家の女は断ったが、相手が美男の誉れ高い中城若松だと聞き、宿を貸す。

若松が休もうとすると、女は彼をゆすり起こし関係を迫ろうとしたため、彼は奉公へ上がる身だからと断り、夜明けも待たずに逃げだした。これに対して、プライドを傷つけられた女は若松を追跡。若松は恐ろしさのあまりに末吉の寺へ助けを求め、同情した住職によって鐘に中に匿われたが、女も寺にたどり着き、執念のあまり鬼となる。そこで、住職は小僧を引き連れて経文を唱え、仏法の力で鬼を退散させた……。

沖縄文化圏の伝統では、蛇は一部の鳥や蝶などと共に死者の化身とみなされているため、「執心鐘入」の鬼女も生きている限り蛇にはならないということなの

図15　米施政権下の沖縄で発行された「執心鐘入」の切手。

だろうが、米施政権下の一九七〇年四月二十八日、当時の琉球郵政が発行した切手（図15）を見ると、演者が着けている鬼女の面には耳がなく、本土の能面の真蛇に近い形態のようにも思われる。

第2章　インド神話と仏教の蛇

多産と豊穣の象徴としてのナーガ

インド文化圏では、蛇（ナーガ）は古くから多産や豊穣の象徴とされ（図1）、また脱皮を繰り返す姿が輪廻と不死の象徴として崇められてきた。

たとえば、一九七三年一月二十六日にインドが発行した独立二十五周年の記念切手は、アショーカ（アショカとも）・チャクラとナーガを組み合わせたデザインになっている。

アショーカ・チャクラは、インドの国章にも取り上げられているアショーカ王柱（図2）の冠板に掘られた車輪の彫刻。アショーカ王柱は、紀元前三世紀、歴史上初めてインド亜大陸をほぼ統一したマウリヤ朝のアショーカ王（在位・紀元前二六八―二三二頃）が、釈迦が最初の説法（初転法輪）を行ったとされるサール

図1　ナーガをつなぎ合わせたアショーカ・チャクラを描くインドの独立25周年の記念切手。

図2　アショーカ王柱。

ナートの地に建てた柱である。仏教の信仰を示すためにアショーカ王が各地に立てた柱の先端部分には、それぞれ、東西南北に四匹の獅子が配されており、円柱の冠板に帯状装飾として象と駿馬、雄牛と獅子が彫られ、それぞれの間に蓮を模した法輪もしくはアショーカ・チャクラの車輪が彫られている。

現在のインドでは、アショーカ王柱は仏教のシンボルというよりも、インド統一の象徴として国章に取り上げられている。同様の理由から、インド国旗の中央にもアショーカ王柱にちなむ法輪が描かれている。

切手の原画を制作したジョティ・バット（ジョティ・マンシャンカー・バット）は、現代インドを代表する美術家・写真家の一人で、一九三四年三月十二日、インド西部のバーヴナガル（グジャラート州）で生まれた。マハラジャ・サヤジラオ大学芸術学科を卒業後、ナポリやニューヨークに留学。当初はキュビスムに影響を受けた作品を発表していたが、やがてインドの伝統的な意匠（孔雀、オウム、蓮、ヒンドゥーの神々、連続的な伝統文様など）を取り入れたポップアートを制作。その手法は油彩、水彩など幅広いが、特にシルクスクリーンなどの版画で高い評価を得た。

一九六六年以降、母校のマハラジャ・サヤジラオ大学で教鞭をとるようになり、同僚や教え子たちとともに、大学の所在地に由来する現代美術集団〝バローダ派〟を形成。また一九六〇年代後からは、グジャラート州の伝統文化や、近代化によって失われつつある風景・風俗などを積極的に写真に残している。

バットによると、この切手のデザインは、アショーカ・チャクラとナーガの組み合わせにより、独立以来、インドでは民主主義が十分に護られ、社会が繁栄してきたことを表現したという。

なお、英領インド帝国がインドと東西パキスタン（現在のパキスタンとバングラデシュ）に分離独立したのは一九四七年八月十五日のことで、切手にも〝1947〟と〝1972〟の年号が入っているが、切手が実際に発行されたのは、〝共和国記念日（一九五〇年一月二十六日、独立後初の憲法が施行され、正式に共和制が発足したことにちなむ記念日）〟にあたる一九七三年一月二十六日だった。

ナーガの誕生

サンスクリットの普通名詞としてのナーガは〝蛇（特にコブラ）〟を意味するが、神話に登場する超自然的な存在としてのナーガとその誕生については、インド叙事詩『マハーバーラタ』に発生した経緯について以下のような記述がある。

最高神とされる三神（ブラフマー、ヴィシュヌ、シヴァ）は、単一の神聖な存在（＝宇宙の最高原理）から顕現し、ブラフマーとして世界を創造し、ヴィシュヌとしてそれを維持し、シヴァとしてそれを破壊するという〝三神一体（トリムールティ）〟の理論が唱えられている。

そのうちのブラフマー（図3詳細は後述）の右手の指から生まれたダクシャには多くの娘があったが、そのうちのカドゥルーとヴィナターはいずれもカシュヤパ仙の妻となった。

カシュヤパは二人の願いを叶えることを約束した。カドゥルーは千匹のナーガを息子とすることを望み、ヴィナターはカドゥルーの子より優れた二人の息子を望んだ。

図3　ブラフマーを描く1914年の仏領インド切手。

その願い通り、カドゥルーは千の卵を、ヴィナターは二個の卵を産む。二人が卵を五百年間温め続けた後、カドゥルーの卵はすべて孵って千の偉大なナーガたち（ナーガラージャ：ナーガの王）が生まれ、彼女はナーガラージャの祖（ナーガ族の太母）となった。

サンスクリットの普通名詞としてのナーガは〝蛇（特にコブラ）〟を意味するが、神話のナーガ（気象を制御する力を持ち、怒ると旱魃に、なだめられると雨を降らすとされる）は、通常の蛇の姿で表現されるだけでなく、頭が多数ある姿（図4）、翼のある姿（図5）、四肢のある姿（図6）、さらには、蛇と一体化した人間の姿（図

図４　７頭のナーガのイメージを描いたタイの切手。

図６　四肢のあるナーガを描いた英領ビルマの切手。

図５　2000年にタイ・バンコクで開催されたアジア国際切手展に際して、参加国のインドネシアが発行した記念切手には、頭が１つで翼のあるナーガラージャ（ナーガの王）が描かれている。

図７　アヌラーダプラのアバヤギリ大塔の、擬人化されたナーガの像を取り上げたセイロンの切手。

7）で表現されることもある。

またインド神話のナーガは、やがて仏教が生まれてインド亜大陸に拡散する過程で、仏教に取り込まれて仏教を守護する存在となり、さらに中華世界に流入して〝龍王〟と漢訳されると、中国に古くから伝わる龍のイメージと習合し、龍王は地上に雨をもたらす水神として信仰の対象となる。それが東南アジアにフィードバックされる形で、龍に近いナーガの図像も作られることもあった。

ナーガの代表的なものとしては、仏教で〝八大龍王〟とされる以下のようなものがある。

①ナンダ（**難陀**。以下、カッコ内は漢訳名）

②ウパナンダ（**跋難陀**）

ナンダはサンスクリットで〝幸せ〟、〝喜び〟の意味で、〝小さな幸せ〟、〝小さな喜び〟の幸せを意味するウパナンダとは兄弟の関係にある。この兄弟は　仏教を篤く保護したマガダ国を守護して、同国から飢えをなくしたという。特に、龍王が仏教に取り入れられると、弟のウパナンダは釈迦如来が生まれたときに雨を降らしてこれを灌ぎ、説法の会座に必ず参じただけでなく、釈迦入滅の後は永く仏法を守護したとされる。

③サーガラ（**娑伽羅**）

もとは〝大海〟を意味するサンスクリットで、海中にある龍宮の王。かつて、ナンダ、ウパナンダの兄弟と戦ったこともある。

図８　乳海攪拌の様子を再現したバンコク、スワンナプーム空港の像。

④ヴァースキ（和修吉）

サンスクリットでは〝宝〟の意味で、九つの頭を持つ。もとはボーガヴァティーを都とする地底界の最深部〝パーターラの支配者〟で、その長大な体ゆえに乳海攪拌にも用いられた（図8）。

乳海攪拌の発端は、偉大なリシ（賢者）ドゥルヴァーサスが非常に短気で、些細なことからインドラ（雷神にして軍神）以下の神々に呪いをかけ、神々や三界の幸運をすべて奪ってしまったことにある。

この機をとらえて、インドラとは仇敵のアスラ（阿修羅）が天界に侵攻してきたため、インドラはシヴァ、ブラフマーに助けを求めたが、ドゥルヴァーサスの呪いは解けなかった。

そこでヴィシュヌの知恵を求め、ヴィシュヌは〝アムリタ〟を作って飲むように勧めた。アムリタを作るには神々とアスラが協力する必要があったため、両者は一時和解し、アムリタを分け合うことを条件にアスラは協力に応じた。

ヴィシュヌは、アムリタの材料としてさまざまな植物や種を乳海に入れた後、巨大亀クールマ（図9）となって海に入り、その背に大マンダラ山を乗せた。そして、長大な胴体を持っていた龍王のひとり、ヴァースキをその山に絡ませ、神々はヴァースキの尾を、アスラはヴァースキの頭を持ち、互いに引っ張り合うことで山を回転させ、海をかき混ぜた。これにより海に棲む生物はことごとく磨り潰され、大マンダラ山の木々は燃え上がって山に住む動物たちが死んだ。その火を消す

図9　クールマとなったヴィシュヌを描く2008年のインド切手。

ためにインドラが山に水をかけると、樹木や薬草のエキスが海に流れ込んだ。

攪拌は千年間続き、この間、すさまじい力で身体を引っ張られたヴァースキは苦しさのあまり猛毒ハーラーハラを吐き出してしまい、危うく世界は滅びかけたが、シヴァ神がその毒を飲み込んで世界を救った。ただし、その代償としてシヴァの喉は猛毒に焼かれてしまい、首から上が青黒くなった。

一方、攪拌を続けていくと、乳海からは、太陽、月、白象のアイラーヴァタ、馬のウッチャイヒシュラヴァス、牛のスラビー（カーマデーヌ）、宝石カウストゥバ、願いを叶える樹カルパヴリクシャ、聖樹パーリジャータ、精霊のアプサラスたち、酒の女神ヴァルニー、美と豊穣の女神ラクシュミー（後にヴィシュヌの妻となる）らが次々と生まれ、最後に天界の医神ダヌヴァンタリがアムリタの入った壺を持って現れた。その後、神々はアムリタを要求するアスラと戦い、アスラに勝利した神々はアムリタを無事持ち帰ったという。

乳海攪拌後のヴァースキは、須弥山を守り細龍を取って食していたが、大洪水のときには、人類の祖マヌの乗る方舟が大波に流されないよう、ヴィシュヌの化身である巨大魚〝マツヤ〟（図10）の角と方舟の舳先を結ぶ綱の役割を担った。

図10　マツヤを描いた2008年のインド切手。

⑤タクシャカ（徳叉迦）

〝多舌〟、〝視毒〟を意味するサンスクリットが名前で、このナーガに怒りの眼を向けられた者は息絶えるといわれている。

あるとき、インドラの友人で、英雄アルジュナの孫であるパリクシット王は、シャミーカ仙に礼を失した行為をしたため、その息子シュリンギンによって七日以内にタクシャカに咬まれて死ぬという呪いをかけられた。

これを知ったパリクシット王は、タクシャカが近づけないように海に巨大な柱を立て、その上に宮殿を建てて警備を厳重にするとともに、蛇毒を専門とする聖者を招いた。タクシャカは件の聖者が宮殿に到達する前に彼と戦い、聖者が自分よりも強いことを悟ると、王以上の謝礼を約束して聖者を帰らせたうえ、仲間のナーガを聖者に化けさせ、王に献上される果物の虫に化けて、偽の聖者とともに王に近づき、王が果物を手にした途端、蛇の姿に戻って王の首筋に咬みついて殺した。

そこで、パリクシット王の息子ジャナメージャヤは、復讐のため聖者たちを集め、蛇を犠牲に捧げるサルパサトラの供犠を行わせた。この祭火によってナーガ族のほとんどが滅んだが、タクシャカは一人インドラ神の宮殿に逃げ込み、女神マナサーの子、アースティーカの仲裁により、滅亡を免れたという。

⑥アナヴァタプタ（**阿那婆達多**）
サンスクリットでは〝清涼〟の意味で、ヒマラヤの北にあるという神話上の池、阿耨達池に住んで、四方に大河を出して人間の住む閻浮提（贍部洲とも）を潤しているとされる。

⑦マナスヴィン（**摩那斯**）
〝大身〟、〝大力〟を意味するサンスクリットの名を持つ龍王で、アスラが海水で喜見城を侵したとき、身を踊らせて海水を押し戻したという。

⑧ウトゥパラカ（**優鉢羅**）
ウッパラカは青蓮華を生ずる池に住まう龍王である。

ムチャリンダからグワーリヤルのコブラへ

仏法の守護者としての龍王／ナーガの性質を端的に

示す伝説としては、ムチャリンダの物語が知られている。

ムチャリンダはナーガラージャの一人で、とある菩提樹を住処としていた。

悟りを開いてから間もない頃、釈迦はその菩提樹の木の下で瞑想を始めたが、ムチャリンダは釈迦の偉大さに気づき、瞑想を邪魔せずに見守った。

成道（＝悟りを開くこと）から四十二日後、釈迦とムチャリンダの菩提樹がある地域は嵐に襲われると、ムチャリンダは七つの頭を広げ（自らの身体を七回、釈迦に巻きつけたとする伝承もある）、七日間にわたって釈迦を風雨から守り続けた。嵐が止むと、ムチャリンダは人間の姿になり、ブッダに帰依したといわれる。

釈迦を護るムチャリンダの姿は古くから仏像・仏画の題材とされてきたが、タイやラオスではムッチャリンナーガラートの名で親しまれている（図11）。

このムチャリンダの物語を継承したものと考えられるのが、北インドおよびマールワー地方、ラージャスターン地方を支配したシンディア家の祖、ラーノージー・ラーオ・シンディアの伝説である。

図11　ムッチャリンナーガラートを描くタイの切手。

ラーノージー・ラーオは、もともとマラーター王国（一六七四－一八四九）の首都、サーターラー近郊の貴族の出であったが、生まれて間もなく、灼熱の太陽の下、野原に放置されたことがあった。ラーノージーが熱中症で命を落としかけたとき、二匹のコブラが彼の身体の上に鎌首をもたげて日差しを防ぎ、彼は生きながらえることができたという。

やがて成長したラーノージーが、一七三一年ウッジャイン（現マディヤ・プラデーシュ州ウッジャイン県）を拠点に諸侯としてシンディア家による領土の世襲を認められると、ラーノージーの幼少期の体験から、太陽を囲む二匹のコブラがシンディア家の紋章として採用された。

シンディア家は、デカン高原を中心とした諸侯の連合体である〝マラーター同盟（シンディア家のほか、ナーグプルのボーンスレー家、インドールのホールカル家、ヴァドーダラーのガーイクワード家などで構成）〟が北インドに進出していく過程で勢力を伸長し、一七八四年にはムガル皇帝の後見役となってデリーの実権を掌握する。しかし、一七七五―一八一八年に英国とマラーター同盟との間で三度にわたって行われたマラーター戦争の過程で、一八一七年、シンディア家は英国と軍事保護条約のグワーリヤル条約を締結。これにより、シンディア家は英国の保護国となり〝グワーリヤル藩王国〟が成立する。なお藩王国とは、英国東インド会社の直轄領とはならずに、英国と軍事保護条約を結んで軍事と外交を英国に委ねる代わりに、従来からの地方君主が一定の自治権を認められた保護国のことで、英領インド帝国は英国の直轄領と英国が間接統治を行う藩王国で構成されていた。

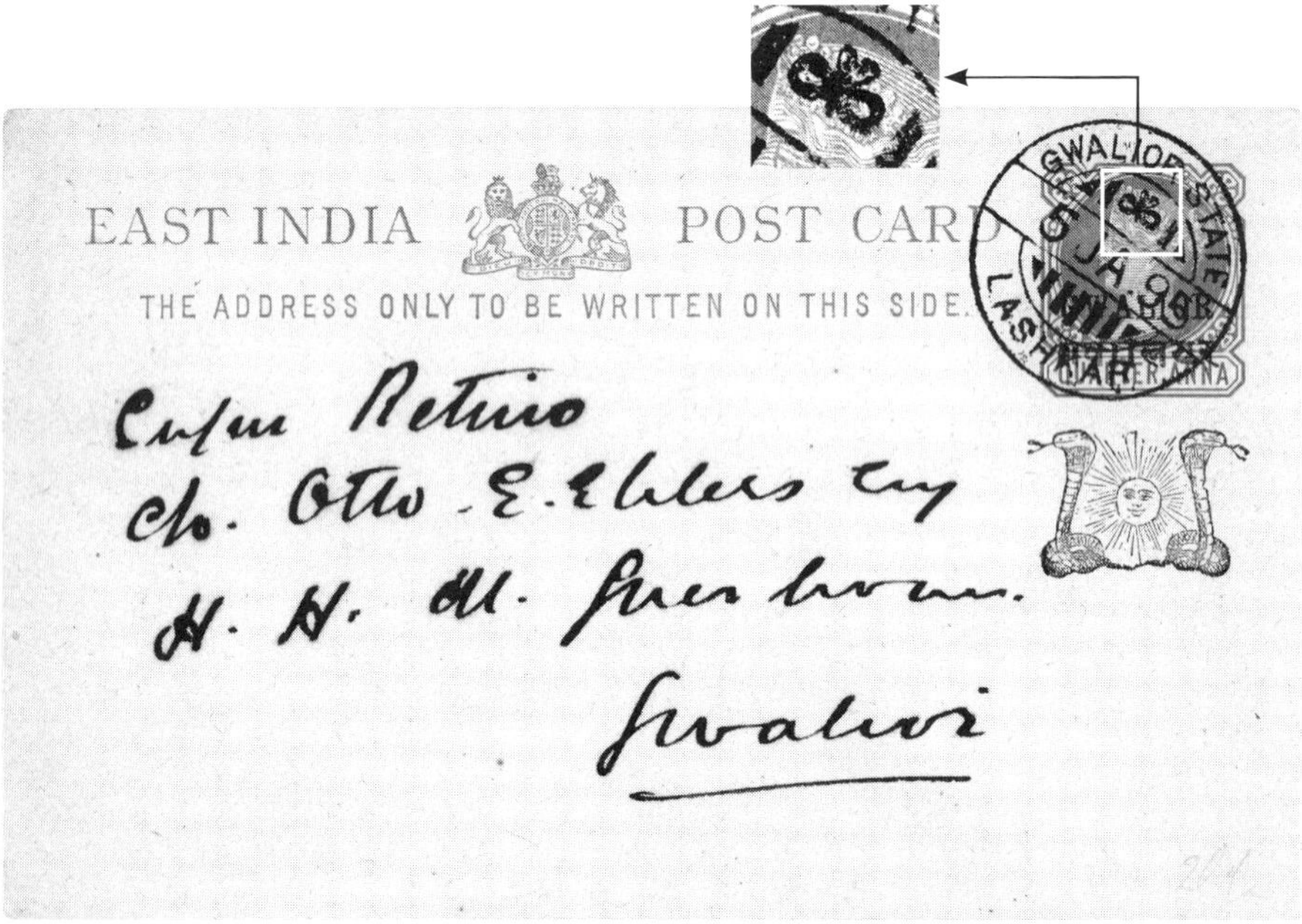

図12　コブラと太陽の加刷があるグワーリヤルの葉書。ラシュカル局の消印にも王家の象徴として２匹のコブラが描かれている。

英領インド帝国の下、グワーリヤル藩王国は英領インド郵政と協定を結び、一八八五年七月から、藩王国内で使用するため、英領インド切手・葉書に英文の"GWALIOR"と現地語の地名を加刷した切手・葉書が使用されていた。特に葉書の場合は、印面の下部に二匹のコブラと太陽を描く王家の紋章が加刷されているほか、王宮の所在地であったラシュカルでは二匹のコブラの絵が入った消印も使用された（図12）。

シンディア家のグワーリヤル藩王国は英領インド帝国が存在している間は存続したが、一九四七年八月十五日のインド・パキスタンの分離独立に伴って独立インドに併合され、公衆手持ち分の加刷切手・葉書も一九四九年で使用停止となった。

仏領インドのブラフマー

ところで、31頁で紹介した仏領インドの切手は、仏領インドとして独自のデザインを採用した最初の切手で、ポンディシェリ近郊のカーリー寺院（シヴァの妻とされる女神を祀った寺院）に安置されているブラフマー像が描かれており、その足元にはインドを象徴する動物としてコブラも描かれている。

紀元前十世紀後半のインドで編纂された『マイトリー・ウパニシャッド（ウパニシャッドは奥義書の意）』では、宇宙の源・最高原理であるブラフマンは、神聖な知性として全ての存在に浸透しており、すべての神々はブラフマンから発生したとされている。しかし、最高原理はあくまでも抽象的な概念であるため、それを人格神として偶像化しないと人々の信仰を得るのが難しいため、ブラフマーという神が考案されたと考えられている。

一般に、ブラフマーは四面四臂（四つの顔と四本の腕を持つ）の姿で表現され、四つの顔はそれぞれ東西南北を向き、それぞれの手には、武器ではなく、知識や創造を象徴するものとして、ヴェーダ（聖典）、数珠（時間の象徴）、儀式に使われる杓、水瓶（生命の象徴）などを持ち、水鳥ハンサに乗った男性の姿で表現される。

切手を発行した仏領インドについても簡単に説明しておこう。

一六七三年のシャンデルナゴル植民地の創設以降、フランスはインドにも進出したが、一七五七年ヨーロッパで七年戦争が始まると、インドでも英仏の戦闘が再開。フランス軍は一時的に英領マドラスを占領したものの、最終的には本拠地のポンディシェリを英国に占領され、一七六三年のパリ条約でインド植民地の大半を喪失した。

その後ナポレオン戦争を経て、一八一六年ポンディシェリ、シャンデルナゴル、カーライッカール、マーヒ、ヤーナムの五つの飛び地とマチリーパトナム、カリカット、スーラトのロッジ（小規模な交易所）で構成される〝フランス領インド〟の枠組みが確立され、一九五四年に独立インドに返還されるまでフランスの支配下に置かれていた。その総面積は五一〇平方キロで、そのうちの二九三平方キロはポンディシェリに属しており、人口の約六割もポンディシェリに集中していた。

仏領インドでは、当初、フランス本国の切手がそのまま持ち込まれて使用されていたが、一八九二年、仏領インド独自の切手として、植民地共通図案（航海と通商）で、〝インド植民地〟を意味する〝ÉTABLISSEMENTS DE L'INDE〟の表示が入った切手（図13）が発行される。このシリーズには〝通商〟の象徴として、ケリュケイオンを手にするヘルメス／マーキュリーが描かれており、蛇の切手の一種とみることができる。

図13　1892年に発行された仏領インド最初の切手。

図14　赤十字マークと5cの額面を加刷したブラフマー切手。

次いで、一九一四年に発行されたブラフマーの切手は本国のフランス・フラン（補助貨幣はサンチーム。一フラン＝百サンチーム）で額面が表示されており、第一次世界大戦中の一九一五年と一九一六年には赤十字の寄付金を上乗せした加刷切手も発行された（図14）。

ところで、一八〇三年のフランス貨幣法の下、フランスを含むラテン通貨同盟参加国の間では同一の金価値を有する各種の〝金フラン貨〟が発行されていた。このうち、一八六五年から一九一四年まで発行されていた〝ジェミナール・フラン〟は金平価〇・二九〇三二二五八グラムに相当する金額を一フランとしていた。仏領インドでは、一八四三年、英領インドルピーに対して、一ルピー＝二・四〇金フランとする交換レートが設定され、補助貨幣として、ファノン（一ルピー＝八ファノン）、カシェ（一ルピー＝一六〇カシェ）も導入された。さらに一八九一年以降は、仏領インドシナ銀行により、英領インドルピーと等価の仏領インドルピー紙幣が発行されるようになったが、フランス当局の発行する通貨とは別に、英領インドルピーそのコインも日常的に使われていた。

ただし、フランス本国は一八七三年以降、完全な金本位制を採用していたため、仏領インドの切手も本国通貨のフランス・フランで額面を表示しても（計算は複雑になるが）問題はなかった。このため、一九一四年から発行が開始されたブラフマーの切手もフランス・フランでの額面表示になっている。

ところが、第一次世界大戦を経てフランスは金本位制を維持できなくなる。戦費や戦時インフレへの対応、さらには戦後復興のための大量の紙幣発行によって、フランの価値は大幅に目減りし、その購買力は一九一五年から一九二〇年にかけて七〇パーセントに、一九二二年から一九二六年にかけてはさらに四三パーセントにまで下落した。その後、フランスは一九二八年に金本位制に復帰するものの、翌一九二九年に発生した世界大恐慌の影響もあって一九三六年には離脱し、以後、フランは下落の一途をたどった。

こうした状況を反映して、一九二三年には仏領インドの額面表示もフランス・フランから仏領インドルピー（補助通貨としてのファノン、カシェ）に変更され、後にブラフマーの図案はそのままに額面の単位を変更した切手（図15）が発行された。

一九三九年に第二次世界大戦が勃発し、翌一九四〇年六月、フランスはドイツに降伏し、パリを含む北部フランスはドイツに占領され、南部はフィリップ・ペタンを国家主席とし、ヴィシーを首都とする親独派政権（フランス国）の支配下に置かれた。これに対して、ドイツへの降伏を潔しとせず、抗戦継続を主張する前国防次官のシャルル・ド・ゴールらはロンドンに亡命して〝自由フランス〟を結成。フランス本国が親独派と抗戦派に分裂する中で植民地政府の対応も割れた。

仏領インドは飛び地で構成されていたため、ヴィシー派の地域とドゴール派の地域に分かれたが、一九四一年十一月にはドゴール派であることを示す〝FRANCE LIBRE（自由フランス）〟の文言が加刷された切手（図16）も発行されている。

第二次世界大戦後の一九四七年八月十五日、英領インドが独立インドと東西パキスタン（東パキスタンは現バングラデシュ）に分離独立すると、同年十月、仏領インドのうち、マチリーパトナム、カリカット、スーラトのロッジは独立インドに譲渡された。その後、一

図16 〝自由フランス〟加刷のブラフマー切手。

図15 ルピー表示に額面が変更されたブラフマー切手。

九五〇年五月二日にはシャンデルナゴル政府がインドに譲渡され、一九五四年十月二日に西ベンガル州に統合。一九五四年十一月一日には、ポンディシェリ、ヤーナム、マーヒ、カーライッカールの四つの飛び地は、インド連邦に移行されてポンディシェリ連邦直轄領となり、仏領インドは事実上消滅する。ただし、条約により、インドと仏領インドが正式に統合するのは一九六二年のことであった。

聖蛇の上で眠るヴィシュヌ

ブラフマー、シヴァとともにヒンドゥーの最高神の一柱として信仰を集めているヴィシュヌは、乳海攪拌で天地が創造される以前、原初の聖蛇で千の頭を持つアーディシェーシャ（シェーシャとも）を輪の形にしてパーターラ（地底の世界）に浮かべ、その上で眠り続けていたとされている。また、世界の終末に全ての生物が滅び去った時も、再び世界が創造されるまでの間、ヴィシュヌは聖蛇の上で眠り続けるとされる。

このアーディシェーシャはしばしばヴァースキと同一視され、天地創造の後は、ヴァースキないしはアーディシェーシャはその頭で大地を支えているといわれている。そして、その上に地下世界を象徴するウミガメが乗り、さらにその甲羅の上、東西南北それぞれに四頭の象が乗って半球状の大地を支えているというのがヒンドゥーの宇宙観である。

ネパールの首都、カトマンドゥの北方一一キロ、シヴァプリ山麓のダニールカンタ村にあるブダニールカンタ寺院には、蛇の上で眠るヴィシュヌを表現した有名な石像がある（図17）。

ヴィシュヌ像は身の丈およそ五メートルの四臂像（腕が四本ある像）で、それぞれの腕に法螺貝、スダルシャナ・チャクラ（太陽の炎から生まれた円盤状の武器で、あらゆる悪を滅ぼすとされる）、矛、宝珠を持ち、周囲は池に囲まれている。七世紀頃に作られたものと推定されているが、その縁起については以下のような伝承がある。

西暦五世紀、リッチャヴィ朝のヴィシュヌ・グプタ王治世下のネパールに、ハリダッタ・バルマという農夫がいた。彼はヴィシュヌ神ないしはその化身である

図 17　ブダニールカンタ寺院のヴィシュヌ像を取り上げた 1986 年のネパール切手。

図 18　ヴィシュヌのへそからブラフマーが生まれる図が描かれた英領インド時代の絵封筒。

ナラヤナに対する信仰が篤く、毎日、四ヵ所のナラヤナ寺院（チャング・ナラヤン寺院、チェーンジュ・ナラヤナ寺院、イチャング・ナラヤナ寺院、シカラ・ナラヤナ寺院）への参詣を欠かさなかった。

ある晩、ヴィシュヌの化身であるジャラシャヤーナ・ナラヤンがハリダッタ・バルマの夢枕に現れ、自分こそが四人のナラヤナの始祖であり、サタルドラ山からドービ・コーラ川に流されて地中に埋もれてしまったと明かした。バルマはその指示通りにバルマはヴィシュヌの像を掘り出したが、その際、像の鼻が欠けてしまった。

その後、ハリダッタ・バルマがヴィシュヌ・グプタ王にすべてを報告すると、王はヴィシュヌの像のために寺院を建立して、ネワール語（ヒマラヤ諸語のうち、主としてカトマンドゥ渓谷とその周辺域に住むネワール族の言語）で〝古く青い喉〟を意味する〝ブダニールカンタ（寺院）〟と命名し、境内に像を安置するための池を設けた。

なお、時代は下り、カトマンドゥ・マッラ朝のプラターパ・マッラ王（在位一六四一―一七四年）が、ブダニールカンタ寺院を王が訪れれば命を落とすであろうとのお告げを受けたことから、以後、歴代のネパールの君主はブダニールカンタ寺院を訪れることがなくなった。

ところで、創造を司るブラフマー、維持を司るヴィシュヌ、破壊を司るシヴァは一般に同格とされているが、ヴィシュヌ（とそのさまざまな化身）を最高神とするヴィシュヌ派では、聖蛇の上で眠るヴィシュヌのへそから蓮の花が伸びてブラフマーが生まれ、ブラフマーの額からシヴァが生まれたとされている。この場面は、ヴィシュヌを図像化する場合には最もポピュラーな画題の一つになっており、英領インド時代の絵封筒にも盛んに取り上げられている（図18）。なお、封筒のイラストで、眠るヴィシュヌの傍らに控えているのは、ヴィシュヌの妻で美と豊穣の女神、ラクシュミーである。

クリシュナとカーリヤ・マルダン

インドの神々の中でも、ヴィシュヌには特に多くの化身（アヴァタータ）があることで知られている。アヴァターラはもともと「下る」という意味の動詞アヴァタラティに基づく語で、直訳すると「(神が)地上に降下すること、この世に現れること」の意味になるが、特にヴィシュヌがこの世でとるさまざまな姿、すなわち〝化身〟の意味で用いられる。

ヴィシュヌのアヴァターラはさまざまだが、代表的なのは

①マツヤ(魚)
②クールマ(亀)
③ヴァラーハ(猪)
④ヌリシンハ(人獅子)
⑤ヴァーマナ(小人)
⑥パラシュラーマ(斧を持つラーマ)
⑦ラーマ(『ラーマーヤナ』の主人公、ラーマ王子)
⑧クリシュナ
⑨ブッダ
⑩カルキン(はるか未来の暗黒時代=カリ・ユガに出現し、宇宙に跋扈するあらゆる悪=アダルマを滅して善=ダルマを打ち立て、新たな黄金時代=クリタ・ユガの到来を促す救世主)、

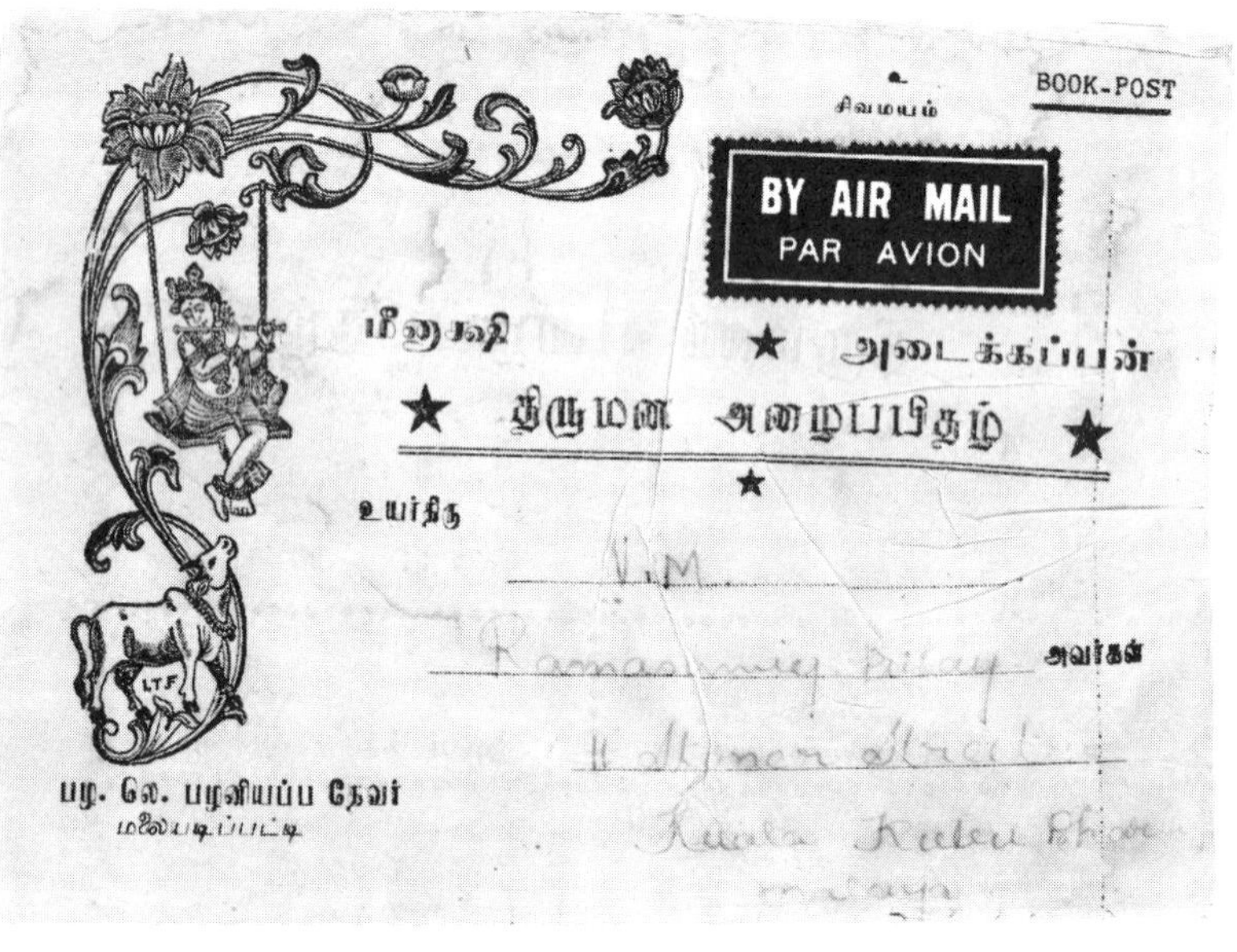

図19　ブランコに乗り、笛を吹くクリシュナのイラストが入った絵封筒。

である。

アヴァターラの中でも、ラーマ王子と並んで人々の人気と信仰を集めているのがクリシュナだ（図19）。

もともとクリシュナは実在の人物で、紀元前七世紀以前、インド北部のマトゥラーで遊牧に従事していたヤーダヴァ族の一支族、ブリシュニ族に生まれた。父親はヴァスデーヴァ、母親はデーヴァキーという名で、バーラタ族の大戦争（この戦争の経緯をまとめたのが叙事詩『マハーバーラタ』である）では、ドヴァーラカ（現在のグジャラート州、北西海岸ドワールカ）地方のヤーダヴァ族を率いてパーンダヴァ軍に参加し、アルジュナ王子の御者として、ときには王子を励まし、ときには巧妙な作戦を教えてパーンダヴァ軍の勝利に貢献した。

また、ヤーダヴァ族の精神的指導者として、バガヴァットを神とする新宗教〝バーガヴァタ教〟を創始した。その内容は実践的な倫理を強調するとともに、神への愛にも似た熱烈な信仰として〝信愛（ないしは誠信）〟の概念を強調し、クシャトリヤ（貴族）の支持を集めた。

クリシュナの死後、バーガヴァタ教の信徒たちはクリシュナ・ヴァースデーヴァ（〝ヴァスデーヴァの子、クリシュナ〟の意。すなわちクリシュナ本人）をバガヴァットと同一視するようになったが、彼らが次第に勢力を拡大していったことで、バラモン教もそれを吸収しようとする。その結果、バガヴァット、すなわちクリシュナ・ヴァースデーヴァはヴィシュヌの化身とみなされるようになったと考えられている。

神話としてのクリシュナの物語は、ヒンドゥーの聖典『バガヴァット・ギーター』にまとめられているが、その概要は以下のとおりである。

ヤーダヴァ族の王カンサは数々の悪行を重ねていたため、神々は対策を協議し、ヴィシュヌがカンサの妹、デーヴァキーの胎内に宿り、クリシュナとして誕生するように定めた。

デーヴァキーがヴァスデーヴァと結婚した際、カンサは二人の乗る馬車の御者を務めたが、その途中でどこからか「デーヴァキーの八番目の子がカンサを殺す」という声が聞こえてきた。そこで、カンサはデーヴァキーと彼女の夫であるヴァスデーヴァを投獄し、生まれてくる息子たちを次々と殺した。デーヴァキーは七番目の子バララーマと八番目のクリシュナが生まれると直ちに、ヤムナー河のほとりに住む牛飼い、ナンダの娘（実は女神のヨーガ・マーヤー）とすり替え、二人をゴークラの町に逃がして牛飼いに預けた。

クリシュナは幼い時からその腕白さと怪力を発揮し、ミルクの壷を割ったために継母のアショーダーに大きな石臼に縛られた際には、その臼を引きずって二本の大木（ナラクーバラとマニグリーヴァ）の間にすり寄り、その大木を倒している。

ある時、クリシュナはヤムナー河畔の湖に毒蛇のカーリヤが棲みつき、その毒によって川の水が煮えたぎり、近くを通る生物は川から発する毒ガスを吸って死んでいるという話を聞いた。

クリシュナはカーリヤを倒すため川の中に飛び込み、カーリヤはその体を使ってクリシュナを締めあげたが、クリシュナの身体がどんどん大きくなったため、離さざるを得なくなった。その後も戦いは続き、その過程でクリシュナはカーリヤの鎌首に飛び乗って踊り始めた。

クリシュナの身体にはヴィシュヌの宇宙が内包されているため、カーリヤはその重さに耐えかね、血を噴き出して卒倒した。その後、カーリヤの妻はクリシュナを称えて夫の命乞いをしたため、クリシュナはカーリヤを解放。カーリヤは、クリシュナに命じられた通り、一族もろともヤムナー川を離れ、海に浮かぶラマナカ島へ逃れた。以後、ヤムナー川は無毒になり、その水は甘露のごとくになったという。

カーリヤとの戦い（カーリヤ・マルダン）は、クリシュナの物語の中でも特に有名なエピソードの一つで、これを題材としたさまざまな絵画や彫刻が作られてきた。

たとえば、一九八二年にロンドンのロイヤル・アカデミー・オブ・アーツで開催された〝インド・フェスティヴァル〟に際してインドが発行した記念切手（図20）には、パッラヴァ朝（八九七年滅亡）末期からチョーラ朝（八四六年頃―一二七九年）初期にかけて、現在のタミル・ナードゥ州の地域で作られたと推定される青銅のカーリヤ・マルダン像が取り上げられている。長方形の台座には四隅に四つのフックがあり、宗教的な行列の際には山車に乗せて用いられていたようだ。

また、二〇〇六年、インド郵政は同年十一月十四日

図20　1982年のインド・フェスティヴァルに際してインドが発行した記念切手。

図21　2006年にインドが発行した“世界こどもの日”の切手シート。

の〝世界こどもの日〟に発行する切手に関して、児童を対象に、「私の好きな神話のヒーロー」のテーマで切手原画の公募が行われた。公募は児童の年齢によって三クラスに分けられ、カーリヤ・マルダンのクリシュナを描いたケヴァル・タッカーの作品（第一クラス最優秀作品）と、カルナ（『マハーバーラタ』に登場する英雄。太陽神スーリヤの子で、弓の名）を描いたシヴァンナ・マドヴィーの作品（第二クラスの最優秀作品）を取り上げた切手が発行された。また、二つの切手を収めた切手シートの余白には、カーリヤ・マルダンのクリシュナを描いたアヌ・ヴィジャヤンの作品（第一クラス最優秀作品）が取り上げられており、現在の子どもたちの間でもクリシュナとカーリヤ・マルダンの物語が根強い人気があることがわかる（図21）。

さて、カーリヤを成敗した後、眉目秀麗な青年に成長したクリシュナは、牛飼いの女性たちの人気を集めたが、彼はその一人、ラーダーを愛した。一方、クリシュナが生きていることを知ったカンサは次々に刺客を送り込んだが、悉く返り討ちにされ、最終的にクリシュナによって倒された。

その後、クリシュナは、バーラタ一族の争いでアルジュナの兄弟がドゥルヨーダナの兄弟との決戦が勃発すると、アルジュナは神弓ガンディーヴァを用い、クリシュナの軍略も用いて勝利を収めた。

コブラを首に巻くシヴァ

トリムールティを構成する三神の三番目、（再生のための）破壊を司るシヴァは、ヴェーダ神話に登場する暴風雨神ルドラがシヴァの前身と考えられる。もともと〝シヴァ〟は、〝吉祥の者〟を意味する語であったが、苛烈で容赦ない自然現象であり、嵐にまつわる神ルドラの名を直接呼ばないための形容詞だった。暴風雨には、破壊的な風水害をもたらす反面、土地に水をもたらして植物を育てるという二面性があり、これが、災いと恩恵を共にもたらす〝再生のための破壊〟というシヴァの性格に受け継がれたものと考えられる。

シヴァは乳海攪拌の際にヴァースキが吐き出した猛毒を飲み込み、世界を救ったが、その代償として首から上が青黒くなった。このため、〝青頸〟を意味する〝ニーラカンタ〟と呼ばれることもある。

また、シヴァはヒマラヤ山中に住み、絡まる頭髪からはガンジス川が流れている。三叉の鉾を手にし、首にはナーガないしはコブラを巻いて、トラの毛皮ないしは牡牛ナンディに乗った姿でも表現される。〝牛の

図22　シヴァとパールヴァティーの絵葉書。シヴァの首にコブラが巻かれているほか、パールヴァティーの腕輪にもコブラの装飾が施されている。

図23　シヴァを描く最初の切手。1907年、ネパール発行。

王〟ないしは〝獣の王〟を意味する〝パシュパティ〟がシヴァの異称となっているのは、ここに由来する。

シヴァの額には第三の目があるが、もともと、シヴァの両眼は太陽と月だった。あるとき、彼の妃、パールヴァティーはいたずら心を起こしてシヴァの両目を両手で隠し、世界のいっさいが闇に包まれた。すると、ほどなくしてシヴァの額に第三の目が開いて明るく輝いたが、今度はその第三の目から炎が噴き出した。パールヴァティーがそのさまに恐怖し、シヴァに祈ると、炎は消え、森はもとの美しい姿を現した　という(図22)。

シヴァを描いた最初の切手は、一九〇七年にネパールで発行された(図23)。

現在のネパール国家の原型は、一七六八年、ゴルカ王のプリトゥビ・ナラヤンがカトマンドゥの戦いで勝利をおさめ、統一王朝としてのシャー(シャハとも)王朝を建国したことで作られた。

最盛期シャハ王朝の版図は、最盛期には、東はシッキム、西はクマオンとガルワール、南は英国支配下のオウド(アワド)にまで広がる広大なものだった。しかし、一八一四―一六年に英国東インド会社と戦ったグルカ戦争で敗北し、その領土は、西はマハカリ河、東はメチ河を国境とし、南はタライ平原までとなり、ネパールは国土の三分の一を失って、ほぼ現在の国境線が確定する。

グルカ戦争での敗戦後、国王ギルバンの死により、わずか三歳のラジェンドラが即位したが、宮廷内では権力闘争が激化し、政情は不安定になった。こうしたなかで一八四五年、軍人のジャンガ・バハドゥルがクーデターを起こし、首相に就任。実権を掌握したジャンガ・バハドゥルは、一八四七年国王を追放し、皇太子のスレンドラを傀儡の国王として擁立する。ジャンガ・バハトゥルは、一八五四年にネパール最初の近代法である「ムルキ・アイン」の制定、奴隷制度の廃止、不可触民の地位向上、近代教育制度の導入などの近代化政策を推進して、一八七七年に亡くなった。

ジャンガ・バハトゥルが亡くなると、彼の弟で後継首相となったラノッディープ・シンハは、一八七九年に近代郵便制度を導入し、一八八一年ネパール最初の

図24　ネパール最初の切手。

切手（図24）が発行された。切手はネパールの王冠と交差させたククリ（ネパールの伝統的な刃物、グルカ・ナイフともいう）を描いており、ジャンガ・バハドゥルが英国から購入した印刷機を用いてカトマンドゥで製造された。

一九〇七年の切手はこれに次ぐシリーズとして、ロンドンのパーキンス・ベーコン社によって製造されたもので、ヒマラヤ山中に鎮座するパシュパティ（シヴァ）が描かれている。切手のパシュパティは四臂像で、手には三日月を指した三叉鉾と牡牛のナンディンを持っており、胸元には首に巻いたナーガの鎌首が伸びているのも確認できる。また、小さな切手なので少し見づらいが、額には第三の目もしっかりと描かれている。

シヴァの首に巻かれたコブラがハッリと描かれた切手としては、二〇一一年二月、インドのデリーで開催された世界切手展〈INDIPEX 2011〉に際して、ブースを出展した南米のガイアナが発行した切手シートがある（図25）。

南米大陸北部の大西洋に面したギアナ地方は、かつてオランダ、フランス、英国の三国によって分割されていた。一六二一年以降、オランダ西インド会社の管轄下にあった地域のうち、エセキボ・デメララ・バービスの三植民地が、ナポレオン戦争を経て一八一四年にそれぞれ個別に英領となり、一八三一年英領ギアナとして統合された。

大英帝国の版図では、一八三四年に奴隷制が廃止されたが、これに伴い英領ギアナでも砂糖工場の労働力不足を補うため、英本国のみならずアイルランド、マルタ、ドイツ、ポルトガルなどからの移民を受け入れ

図25　ガイアナが2011年にインドで開催された世界切手展に際して発行した切手シート。

たが、一八三八年五月五日インドからの移民が到着。以後、一九一七年までに三十四万人ものインド系移民が英領ギニアに流入する。当初インド系移民とその子孫は農業に従事していたが、次第に首都ジョージタウンをはじめ都市部に出て、商業などで財を成すようになった。

二〇二一年の世銀のデータによると、ガイアナの人口は約七十九万人だが、インド系はそのうちの四割弱を占めており、宗教的にも人口の三割弱がヒンドゥーとなっている。インドとの関係が深く、そのことが切手展へのブースの出店と切手シートの発行にもつながったとみてよいだろう。

マハーカーラと大黒天

シヴァは世界を破壊するときには黒い姿で現れるため〝マハーカーラ〟とも呼ばれる。

〝マハー〟はサンスクリットで〝大〟、〝カーラ〟は〝時間、死、（暗）黒〟の意味。そこから転じて〝時を超越した者〟という意味合いがある。

マハーカーラの像容は、四臂で三つの目を持っているのはシヴァと同じだが、八つの頭蓋骨で身を飾り、五体の骸に腰を下ろし、手には三叉戟と太鼓、長刀に鎌を携える姿で表現された。また、ブラフマー、ヴィシュヌ、シヴァが一体化したトリムールティの像が作られるようになると、これに対応して、マハーカーラの像にも三面六臂のものが登場する。

マハーカーラにはカーリー（マハーカーリー）という名の妻がいるが、彼らはいずれも〝カーラ（時間）〟を擬人化した存在とされ、いかなる規則や規制にも縛られることはない。時間には慈悲はなく、誰も時間を所有することはできないので、時間の神であるマハーカーラとマハーカーリーは、全てを自分自身の中へと溶かしこむ力を持ち、宇宙が溶け去った後も〝空〟として存在し続けるだけでなく、世界全体を滅ぼすことができる。ここから、マハーカーラは全ての悪と悪鬼を滅す責任を負っているとも理解された。

その後、仏教に取り込まれたマハーカーラは、毘盧遮那仏の化身にして、軍神・戦闘神ないしは富貴《ふうき》爵《しゃく》禄《ろく》の神として、一面二臂・一面四臂・一面六臂・三面二臂・三面四臂・三面六臂などのさまざまな姿で図像化されたが、チベット仏教では、如来の命を受けていっさいの魔障（反仏教的な衆生）を調伏する忿怒尊の一形態として、図26の切手に示すように、ゾウの姿をしたガネーシャを踏みつけた姿で描かれることも多い。

　ガネーシャは、もともとシヴァの妃、パールヴァティーがシヴァの留守中に身体を洗い、その垢を集めて作った人形に命を吹き込んで息子としたものだった。

図26　マハーカーラのタンカ（チベット仏教の伝統的な様式の仏画）を取り上げたモンゴルの切手

あるとき、パールヴァティーの入浴中、母の命令でガネーシャが浴室の見張りをしているときに、シヴァが戻ってきたが、シヴァのことを知らなかったガネーシャは彼の入室を拒んだため、シヴァは激怒し、ガネーシャの首を切り落として遠くへ投げ捨ててしまった。その後、シヴァはパールヴァティーからことの経緯を聴かされ、慌ててガネーシャの頭を探しに西に向かって旅に出かけたものの、見つけられなかったため、旅の最初に出会った象の首を切り落として持ち帰り、ガネーシャの頭として復活させたという。

　ここからガネーシャは、人間の身体に片方の牙の折れた象の頭をもった四本腕の神で表現されるようになった。ヒンドゥーの神としては、障害を取り去り、財産をもたらすと言われ、事業開始と商業の神・学問の神とされている。

　なお、上記のような経緯から、シヴァとパールヴァティー、ガネーシャの三神を〝親子〟として表現した図像も少なからず存在する（図27）。

ガネーシャも〝聖天〟として仏教に取り込まれるが、その経緯は、一般に以下のように伝えられている。

もともと、仏敵の魔王だったガネーシャは暴神としてさまざまな悪行をなしていた。そのため、観音菩薩はガネーシャを調伏するため、美女に変化して彼の前に現れた。この美女を抱きたいと欲したガネーシャに対して、美女は自分の教えに従って仏教を守護するように求め、ガネーシャはこれを受け入れ、美女と交わって歓喜を得た。

ここからガネーシャは、仏教に帰依して護法善神となり、鶏羅山で九千八百の眷属を率いて、三千世界と仏法僧の三宝を守護するとされている。また、仏教に取り入れられた経緯から、日本の仏像などでは象頭の男女が抱き合う姿として表現され、それゆえ秘仏として、人目につかぬよう祀られることも多い。

一方、チベット仏教では、ガネーシャはシヴァの妻の子であるということからヒンドゥーの象徴とされたため、マハーカーラがガネーシャを踏みつけるさまを

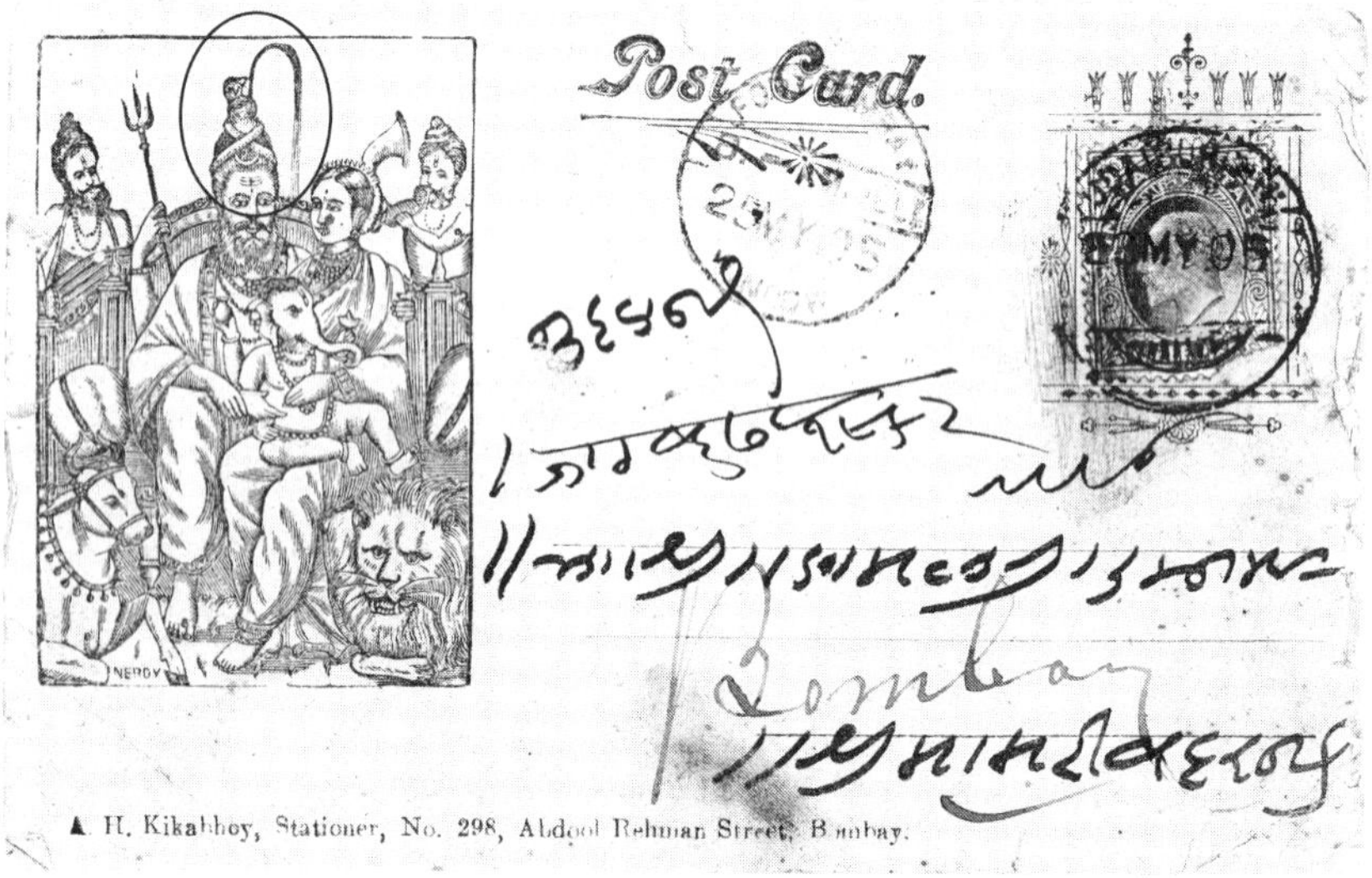

図27　シヴァ、パールヴァティー、ガネーシャの“親子”のイラストが印刷された英領インド時代の絵封筒。中央のシヴァの頭髪には絡みついたコブラの鎌首も見える。

描くことで、仏教がヒンドゥーを降伏させて勝利したと表現することが広まった。それでも、図26のマハーカーラ像では、首から輪になった蛇を下げているのが確認でき、ヒンドゥーのシヴァのイメージが一部継承されていることがうかがえる。

なお、マハーカーラに限らず、チベット仏教では忿怒尊（仏敵）を図像化する際の共通の様式として、頭上には、仏道修行を妨げる五つの煩悩、すなわち、貪欲（渇望・欲望）、瞋恚（怒り・憎しみ・敵意）、愚痴（物事の正しい道理を知らないこと）、掉挙（心の浮動、心が落ち着かないこと）、淫欲を克服した象徴として五つの髑髏が掲げられ、信仰を浄化する火焰で眉毛や顎を施されている。

マハーカーラは、チベット・モンゴル・ネパールでは貿易商から財神としての信仰を集め、特に、チベットでは福の神としての民間信仰も生まれたが、中華世界では、〝マハー（大）〟と〝カーラ（黒）〟の漢訳として〝大黒天〟と呼ばれて財神としての性質が強調されるようになった。それが平安時代に密教の伝来とともに日本に伝えられると、中世以降、〝だいこく〟の音から神仏習合思想によって記紀神話の大国主命と同一視され、「因幡の白兎」の物語で大国主命が八十神たちの荷物を入れた袋を担いだ姿になぞらえた図像が作られるようになり、江戸時代以降、米俵に乗った〝大黒様〟のイメージが定着することになる。

図28　2018年にバリ島で開催されたＩＭＦ・世界銀行年次総会に際して開催国のインドネシアが発行した記念切手には、バリ島のガルーダ・ヴィシュヌ・クンチャナ文化公園内にある世界最大の“ガルーダに乗るヴィシュヌ像（高さ75ｍ）”が取り上げられている。

ガルーダとナーガ

ブラフマーのハンサ、シヴァのナンディンを（〝運ぶもの〟、〝引くもの〟を意味するサンスクリットで、ヒンドゥー教の神々の乗り物として描写される動物）としているのに対して、ヴィシュヌは半人半鳥のガルーダをヴァーハナとしている。このため、ガルーダに乗ったヴィシュヌの図像も数多く存在する（図28）が、ガルーダは蛇とは浅からぬ因縁がある。

カシュヤパ仙の二人の妻のうち、カルドゥーが千匹のナーガを息子とすることを望んだことはすでに述べたが、もう一人のヴィナターはカドゥルーの子より優れた二人の息子を望み、二個の卵を産んだ。ところが卵は五百年温めても孵らなかったため、彼女は子が生まれないものと諦めて、卵の一つを割ってしまった。すると、月が満ちずに下半身がまだ作られず、上半身しかないアルナ（暁の神）が出てきた。アルナは母親を恨み、五百年の間、彼女と競った相手の奴隷になるという呪いをかけた。

ある日、カドゥルーとヴィナターは、太陽を牽引する馬ウッチャイヒシュラヴァスの色について口論になり、負けた方が奴隷になるという賭けをすることになった。正解はヴィナターの主張した通りで、馬は全身が全て白かったが、カドゥルーは息子のナーガたちを馬の尾に取りつかせて尾が黒く見えるように偽装した。ヴィナターはこの偽装を見破れず、賭けに負けたとして奴隷になってしまった。

その後、ヴィナターの卵からはガルーダが生まれた。ガルーダは生まれたときから天をつくほどに巨大で、稲妻のような瞬きをし、大山も風神とともに逃げるほどに羽ばたき、口から吐く光は四方に広がって火事のようであったため、神々は驚いて火の神と崇めたといわれている。

ガルーダが海を越えて母の元に行くと、ガルーダもヴィナターとともにカドゥルーたちに支配され、さまざまな難題を与えられ、苦難の日々を過ごした。その過程で、母親がいかさまによって奴隷となったことを知ったガルーダが、自分たちを解放するように求めると、ナーガたちは天界にある不死の聖水〝アムリタ〟を持ち帰ることを解放の条件として提示した。

ガルーダはナーガたちから要求された聖水を得るため、天上界に乗り込み、天上界の神々を次々に打ち破り、ついに聖水を奪って飛び去った。その勇気と力に感動したヴィシュヌ神は、ガルーダに不死の命を与え、

図29　ナーガと戦うガルーダを描いた2010年のタイ切手。

ガルーダはそれを受けてヴィシュヌの乗り物（ヴァーハナ）となった。

　そこへガルーダの狼藉に怒った雷神〝インドラ〟が、最強の武器ヴァジュラを使って襲いかかってきたが、ガルーダにはヴァジュラが全く利かないのを悟ったインドラは、ガルーダと永遠の友情を誓う。その結果、ガルーダには不死の肉体が与えられ、ナーガ以下の蛇族を食料とするという約束を交わした。

　母親のヴィナターを解放するため、アムリタをナーガたちの元へ持ち帰ったガルーダは、母親が解放されたのを確認したうえで、アムリタをクシャの葉の上に置き、沐浴してから飲まねばならないと告げた。それを聞いてナーガたちが沐浴をしている隙に、インドラがアムリタを取り返した。騙されたことに気づいたナーガたちは、せめてクシャの葉に残ったアムリタを舐めようと葉を舐めたため、その舌は二股に割れてしまったという。

　こうした経緯から、インドの文化的影響を受けた地域の民話・伝説の類では、ガルーダはナーガ族と戦い（図29）、打ち負かした毒蛇を捕らえ、食らうガルーダという図像も生まれた（図30）。

パターチャーラーの物語

　インド神話のナーガは仏教に取り込まれ、龍王として漢訳されたことはすでに述べたが、ガルーダも仏教に取り込まれて迦楼羅または金翅鳥と漢訳され、ともに仏法を守る護法神となった。

　もともと仏教では、毒蛇は雨風を起こす悪龍とされ、煩悩や厄災の象徴ともされており、魔物は手に蛇を

図30　インド・ベンガル地方で作られた“カルーダに乗るヴィシュヌ像”を取り上げた絵葉書。ガルーダの首には彼が餌とする蛇が巻き付けられている。

もって釈迦が悟りを開こうとするのを妨害しようとしたという。

また、初期の仏教説話として有名なパターチャーラーの物語にも、毒蛇が重要な役割で登場する。

釈迦が存命の頃、シュガーバスチィという町に富豪がおり、その娘パターチャーラーは、何不自由なく育てられていた。彼女が年頃になると、両親は家柄の良い若者を探してきて、娘と結婚させようとした。ところが、彼女は屋敷で働いている召使いの青年と恋に落ち、両親の持ち込んだ縁談を拒否して駆け落ちしてしまった。その後、二人は森の中で誰にも邪魔されることなく結婚生活を送り、二人の息子にも恵まれた。

ある日、嵐の到来を前に夫は家を補強するため、森へ木を切りに出かけたが、帰ってこなかった。そこで翌朝、パターチャーラーが森に夫を探しに行くと、毒蛇に噛まれて亡くなった夫の死体を見つけた。悲しみでひとしきり泣いた彼女は、やがて気を取り直し、子どもを連れて両親の元に戻り、親の援助で子どもを育てようと決心し、幼児二人の手を引いて生まれ故郷のシュガーバスチィに向かって歩き出した。

その途中、川のところに差しかかると、前日の大雨で急に水かさが増していたため、彼女は子どもを一人ずつ抱いて渡そうと考え、まずは弟を岸辺に残し、兄を抱いて激流に足を踏み入れた。川の中ほどで、岸に残してきた弟のことが心配になった彼女が振り返ると、巨大な鷲が弟を連れ去ってしまった。そのことに動転した彼女は兄を川に落としてしまった。

茫然とした彼女だったが、なんとか川を渡って故郷に向かって歩いていると、途中で昔の知り合いが彼女を見つけ、前日の洪水で彼女の実家が流され、両親をはじめ、家族の全員が亡くなったことを告げた。

一夜にしてすべてを失った彼女は、衝撃のあまりついに発狂してしまい、以後各地を放浪するようになった。いつしか衣服は襤褸になり、裸女となった彼女を人々は邪険に扱い、嘲笑した。

やがて、パターチャーラーは祇園精舎にたどり着く。釈迦は説法の最中で、聴衆は彼女を追い出そうとしたが、釈迦はそれを押しとどめ、彼女に優しく語りかけ、事情を聴いた。釈迦のやさしさに触れて記憶を取り戻したパターチャーラーは、自分の体験を話し、釈迦はそれに応じて、「妹よ、気を確かに持ちなさい。案ずることはない。遠い昔から今まで、子を失った親が流した涙の量は、四つの海の水の量よりも多いのだ。無常の世にあって真のよりどころとなるのは、夫や子ども・父母ではなく、涅槃の世界だけなのだ」と説き、彼女の心を落ち着かせた。

その後、パターチャーラーは出家して比丘尼《びくに》（尼僧）となり、僧団の中で修行に励み、そして悟りを得るとともに、後進の指導に当たって人々の尊敬を集めたという（図31）。

孔雀明王

パターチャーラーの物語は、物理的な意味でも人々が毒蛇の脅威にさらされながら生きてきたことをうかがわせる。それだけに、毒蛇を滅する存在は信仰の対象となり得るもので、ガルーダ同様、毒蛇を食する迦楼羅《かるら》は、毒蛇から人を守り、衆生の煩悩（三毒）を喰らう霊鳥としての意味が与えられ、信仰の対象にもなったのだろう。

図31　パターチャーラーの物語を取り上げたスリランカの切手。夫が毒蛇に咬まれて死ぬ場面も描かれている。

図32　四国88ヵ所第41番札所の稲荷山龍光の孔雀明王像。毘沙門天と共に、本尊である十一面観世音菩薩像の脇侍として祀られている。

また密教では、迦楼羅を本尊とした修法で降魔、病除、延命、防蛇毒に効果があるとされており、特にチベット仏教では、パドマサンバヴァ（全チベット仏教の開祖で、八世紀後半頃、チベットに密教をもたらした人物。チベットやブータンではグル・リンポチェとして知られる）の秘儀・秘宝を守護する者として、毒蛇を咥えたガルーダが描かれることがある。

また迦楼羅からは、同じく毒蛇を滅する者として孔雀明王（図32）が派生する。

古代インドでは、孔雀は害虫やコブラなどの毒蛇を食べることから、それ自体、〝偉大なる孔雀〟を意味するマハーマーユーリーとして擬人化され、守護女神として信仰の対象となっていた。このマハーマーユーリーは、仏教に取り込まれると、迦楼羅同様、〝（毒蛇で象徴される）人々の災厄や苦痛を取り除く功徳〟があるとの意味が与えられ孔雀明王となった。

さらに時代が下ると、孔雀明王は毒を持つ生物を食べる＝人間の煩悩の象徴である三毒（貪り・嗔り・痴行）を喰らって仏道に成就せしめる功徳がある仏という解釈が広まり、魔を喰らうことから大護摩に際して除魔法に孔雀明王の真言が唱えられるようになる。特に、空海は孔雀明王を重要視し、雨乞いや息災祈願を盛んに修していたと伝えられている。

像容としては、孔雀に乗った一面四臂の姿で、四本の手にはそれぞれ倶縁果、吉祥果、蓮華、孔雀の尾を持つのが一般的だが、京都・仁和寺に伝来した北宋時代の仏画のように、三面六臂に表された像もある。ただし一部の例外を除き、大半の孔雀明王像では、喰われている／滅せられている毒蛇は表現されない。

図33　東京・国立博物館150周年を記念して発行された"国宝シリーズ"のうち、「絹本著色孔雀明王像画」を取り上げた1枚。

修験道の開祖である役小角も孔雀明王法を駆使して超人的仙術を体得し、さまざまな奇跡を人々に見せたほか、天台密教においても最澄がこれを重視。平安後期から鎌倉時代にかけて篤く信仰された。国立美術館所蔵の有名な「絹本著色孔雀明王像画」（図33）も平安時代後期、十二世紀に制作されたものである。

また、千手観音の眷属としての二十八部衆では、孔雀明王の乗る孔雀そのものが金色孔雀王として独自の尊格になり、敦煌の仏画では千手観音を挟んで対称的な位置に、孔雀に騎乗した孔雀王と迦楼羅に騎乗した金翅鳥王が描かれた例がある。

ウランバートルのガルーダ

蛇を喰らうガルーダのモチーフが、現在でも象徴的に用いられている事例としては、モンゴルの首都、ウランバートル市の市章（図34）がある。

ウランバートルの位置するトーラ川流域は、十六世紀には現在のモンゴル国の大多数を占めるモンゴルのハルハ諸部の支配下に置かれるようになったが、遊牧生活を送っていた彼らには、都市を建設してそこに定住するという発想が乏しかった。このため、彼らの滞留拠点として、一六三九年に現在のウランバートルの地に〝フレー（漢字表記は庫倫）〟が建設された後も、その具体的な位置は三十数回にわたって変転した。

一六三五年にハルハ・トゥシェート・ハン部で生まれたジェプツン・タンパ1世（法名：ザナバザル。図35）は、出家してチベットを巡礼し、ダライ・ラマ五世からチョナン・ターラナータ（清朝皇帝の保護の下にモンゴルで多くの寺を建立し、ジェツンダンパの称号を得たチベット仏教の高僧）の転生者としての認定を受け、一六五一年ハルハに帰国した。これにより、ジェプツンタンパは庫倫活仏の名跡となり、フレーの一帯はジェブツンダンパの支配地になった。その後、一七七八年に北京とサンクトペテルブルグを結ぶ道路が完成したことで、都市としてのフレーの最終的な位置が決定され、それが現在のウランバートル市の直接のルーツになる。

ウランバートルの近郊には、地元住民の間で古くから山岳信仰の対象になっているボグド・ハーン山があり、その精霊とされるガルーダは勇気と正直さの象徴として周辺一帯を守護しているという。ウランバートル市の市章にガルーダが採用されているのもこのためで、市章のデザインとしては、ガルーダの額にはモンゴル国家のシンボルとしての〝ソヨンボ（安定と知恵の象徴）〟が、右手には武器としてのヴァジュラと鍵（繁栄と開放性の象徴）が、左手には蓮の花（平和、平等、純粋さの象徴）が描かれており、ガルーダの爪にかかる蛇は悪を許さない気概を意味している。

　ところで、モンゴル族の居住地域は、かつては帝政ロシアと清朝に分割されて支配され、清朝支配下の地域は、ゴビ砂漠をはさんで、それぞれ南側が〝内蒙古〟、北側が〝外蒙古〟と呼ばれていた。

　もともと清朝の体制は、満洲族の皇帝が漢族を含む他の諸民族を中央集権的に支配するというのではなく、どちらかというと、域内諸民族の緩やかな連合国

図 34　ウランバートル市の市章を取り上げた " ウランバートル 375 周年 " の記念切手。

図 35　ザナバザル

家という性質の強いものだった。ところが、一九一一年十月、辛亥革命が起こり、一九一二年に中華民国が発足する。中華民国政府は、建前として〝五民族（漢族、チベット族、満洲族、モンゴル族、ウイグル族）の平等〟を掲げていたものの、もともと孫文らの革命活動は、〝駆除韃虜《たつりょ》 恢復中華〟のスローガンの下、満州族の支配を打倒して漢民族の政治的・文化的支配を復活させることを建前としており、革命政権の政治の中枢は漢族がほぼ独占。清朝の時代と比べて、満州族やモンゴル族の地位は大幅に後退した。

したがって、〝韃虜〟に分類される満洲・チベット・モンゴル・ウイグルの各民族は、そもそも自分たちを駆除するということを公言してきた革命政権に服属しなければならない理由がなくなり、モンゴル族はロシアの援助を受け、活仏のジェプツンダンバ・ホトクト八世を〝ボグド・ハーン〟として君主（ハーン）に推戴し、独立を宣言した。

これに対して〝清朝の継承者〟を名乗る中華民国政府は、一九一二年四月二十三日、内務部に蒙蔵事務処（同年七月、蒙蔵事務局に改組）を設置し、同じく清朝の滅亡と同時に〝中国〟からの離脱を宣言したチベットとともに、モンゴルはあくまでも自国の領土であるとする姿勢を強調。このため、一九一二年十一月の露蒙協定では、モンゴルは独立宣言を自治宣言に格下げせざるを得なくなった。さらに、一九一三年十一月の露中宣言では、ロシアは外モンゴルにおける中華民国の宗主権を認め、中華民国は内政・通商・産業にわたる外モンゴルの自治を認めることとされた。

これを受けて、一九一四年九月から一九一五年六月まで行われたキャフタ会議では、モンゴル人の居住地域を中露が定めた境界による内蒙古（南モンゴル）と外蒙古（北モンゴル）に分割。内蒙古を中国領と認め、外蒙古に関しては中華民国の宗主権を認めたうえでの自治地域とすることを、モンゴル側も受け入れざるを得なかった。

一九一七年にロシア革命が起こると、中華民国は混乱に乗じて外蒙古への支配の拡大をもくろみ、フレーに派兵してボグド・ハーンの宮殿を包囲し、自治の返上を強要。一九一九年十一月に発した中華民国大総統令で外蒙古の自治を撤廃し、一九二〇年一月二日、ボ

図36　チョイバルサン

図37　スフバートル

グド・ハーン政権はいったん崩壊し、ボグド・ハーンは私邸に軟禁された。

　ところで、ロシア革命後の内戦中の一九二〇年末、白軍のロマン・ウンゲルンが外蒙古に進出して中華民国占領軍を駆逐し、一九二一年二月にボグド・ハーンを復位させた。当初モンゴル人は、ウンゲルンを解放者として歓迎したものの、ウンゲルンは外蒙古で恐怖支配を行ったため、ボグド・ハーンまでも密かに北京政府に救援を頼むほどになる。

　こうした状況下の一九二〇年春、ホルローギーン・チョイバルサン（図36）らの〝領事館の丘〟グループと、ダムディン・スフバートル（図37）らの〝東庫倫〟グループが合流し、モンゴル人民党（一九二四―二〇一〇年はモンゴル人民革命党）を創設した。

　一九二一年三月、モンゴル人民党はキャフタでモンゴル臨時人民政府の成立を宣言。スフバートル率いる四百人の義勇軍は中国軍を駆逐。さらに臨時政府は、ボリシェヴィキ政権に援助を求め、これに応じた赤軍および極東共和国軍はモンゴルに介入して義勇軍とともにウンゲルン軍を駆逐し、総勢一万の兵力でフレーに入城。一九二一年七月十一日、ボグド・ハーンを君主として戴く連合政府として、モンゴル人民政府を樹立した。

義勇軍の総司令官として革命の英雄となったスフバートルは新政権の国防大臣に就任したものの、一九二一年九月には人民政府軍の実権はエルベクドルジ・リンチノが掌握。スフバートルはモスクワを訪問し、レーニンと会談したものの、帰国後の一九二三年二月二十二日に亡くなった死因については、公式には病死とされているが、暗殺説もある。

一方君主として復位したボグド・ハーンだったが、以前と比べて、その権限は大幅に制限されていた。そして、一九二四年四月、ボグド・ハーンが亡くなると、コミンテルンの指導を受けたモンゴル人民革命党は、同党による一党独裁の社会主義国を宣言。同年十一月二十六日、ソ連の衛星国としてのモンゴル人民共和国が誕生し、首都フレーの名称も、モンゴル語で〝赤い英雄〟を意味する〝ウランバートル〟に改称され、現在に至っている。

第3章　ファラオとコブラ

ウラエウスとホルスの目

古代エジプトのファラオの王冠には、上エジプト（ナイル川上流）を象徴する〝ネクベト（白いハゲワシ）〟と、下エジプト（ナイル・デルタ地帯）を象徴する〝ウラエウス（鎌首を持ち上げたアスプコブラ、蛇型記章。図1）〟の装飾があり、この組み合わせにより、ファラオ（古代エジプトの王）が上下エジプトの支配者であることを表現している。

もともとナイル・デルタの湿地帯にはコブラが多く生息していたことから（図2）、この土地の守護神とされるウアジェト（ウジャト）も鎌首を持ち上げたアスプコブラ、または頭上にコブラをつけた女性の姿として図像化され、それがいつしか下エジプト全域の守護神にして、下エジプトの支配の象徴になったという経

図1　ツタンカーメンの王墓から見つかったウラエウスの装身具(2004年発行のエジプト切手)。

図2　1903年にカイロからフランス宛に差し出された絵葉書。ナイル・デルタに近いカイロでは、20世紀初頭の時点ではコブラが多数生息していたことから、西洋人観光客相手の“蛇使い”の見世物も盛んに行われていた。

図3　1937年にエジプトが発行した第15回国際眼科学会議の記念切手。

緯がある、

ちなみに、古代エジプトでは、太陽と月はハヤブサの姿あるいは頭部を持つ天空神“ホルス”の両目で、月を象徴する左目は“ウアジェトの目”、太陽を象徴する右目は“ラーの目”として区別されている。このうち、ウアジェトの目は“全てを見通す知恵”や“癒し・修復・再生”、“供物（ホルスが父に左目を捧げたことにちなむ）”の象徴になり、魔除けの護符にも描かれるようになった。

一九三七年十二月八日に発行された“第十五回国際眼科学会議”の記念切手（図3）は、眼科という主題にちなんでウアジェトの目を取り上げたものだが、それをネクベトとウラエウスが両脇から支えているデザインになっており、結果的に“ウラエウスとネクベト”の組み合わせになっている。

さて、初期のファラオの王冠には、ウアジェトの神像をそのまま頭につけたり、頭を取り巻く冠を被ったりしていたが、やがて、ウアジェトを簡略化・図案化した記章としてのウラエウスが付けられるようになった。その後、ファラオの支配が上エジプトに及ぶようになると、上エジプトの象徴であるネクベトがウラエ

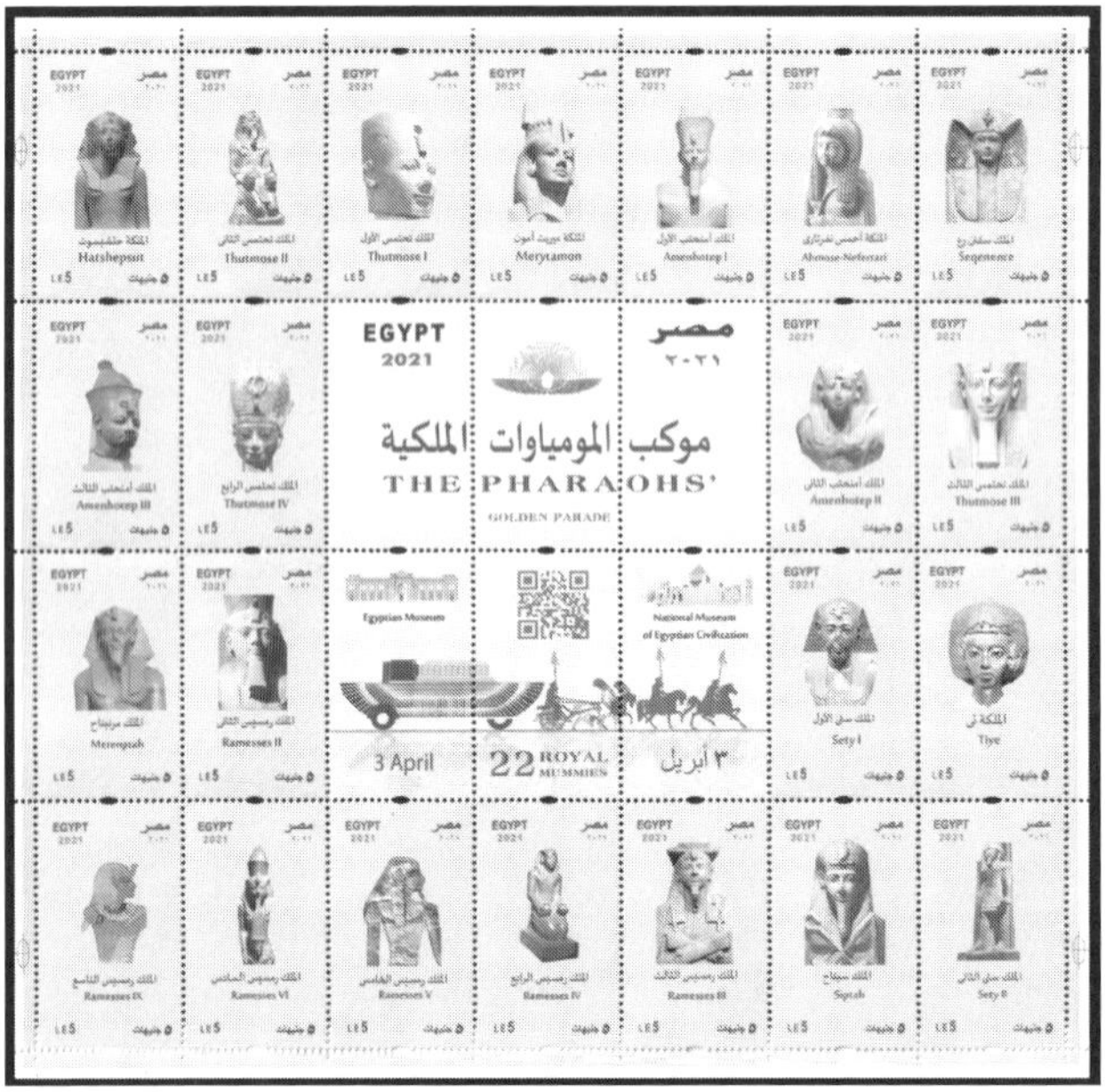

図4　2021年4月の“ゴールデン・パレード”に際してエジプトが発行した記念切手シート（全体像）。

図6　同じく、トトメス4世（在位紀元前：1401－1391年）像を取り上げた切手。コブラの尾は円を描いている。

図5　シートの中から、セケンエンラー・タア王（在位：紀元前1591－1574年頃）像を取り上げた切手。王冠のコブラは地を這うような姿勢になっている。

図8　同じく、サプタハ王（在位：紀元前1193－1187年頃）像を取り上げた切手。コブラは楕円のとぐろを巻き、鎌首は正面を向けている。

図7　同じく、セティ1世（在位：紀元前1294－1279年）像を取り上げた切手。コブラの胴体がS字型になっている。

ウスと並置されるようになり、両者の組み合わせが全エジプト統一の支配者としてのファラオの権威を示すものとなったが、その後も、ウラエウスの装飾のみがある王冠も着用されていた。

二〇二一年四月三日、翌四日の国立エジプト文明博物館が正式開館を前に、エジプト新王国時代（紀元前一五七〇－一〇七〇年頃）の王・女王の二十二体のミイラをカイロ中心部のタハリール広場のエジプト博物館から、フスタート（カイロ旧市街の一角）の文明博物館に移送する〝ゴールデン・パレード〟が行われた際、エジプト郵政は、その二十二人の石像を取り上げた切手シートを発行したが（図4）、それらを見ると、王冠に施されているウラエウスの装飾が時代によって微妙に異なっていることがわかる（図5－8）。

ツタンカーメンの黄金のマスク

ネクベトとウラエウスの装飾といえば、やはり、ツタンカーメン王の黄金のマスク（図9、10）を連想する人が多いのではないか。

ナイル川を挟んで古代エジプトの都テーベ（現ルクソール）の対岸にある〝王家の谷〟は、十九世紀以来さかんに発掘が行われてきたため、二十世紀初めの時点で、めぼしい遺物はほとんど掘り尽くされたと考えられていた。

二十世紀初めに王家の谷の発掘権を得た、米国の実業家セオドア・デイビスの調査隊は、ツタンカーメンの名が記された遺物を数点発見したものの、それ以外にはさしたる成果を得ることができなかったため、一九一四年六月に発掘権を手放し、英国のカーナヴォン卿がその権利を獲得する。

ところが、その後まもなく第一次世界大戦が勃発したため、カーナヴォン卿の支援を受けたハワード・カーターによる本格的な発掘作業が開始されたのは一九一七年秋のことで、そこからさらに五年間、発掘作業が進められたものの、墓は見つからなかった。

そこで一九二二年六月、カーナヴォン卿はカーターに対して調査打ち切りの意向を告げたが、カーターはもう一シーズンだけ掘らせてほしいと懇願。カーナヴォン卿もこれを認め、同年十月二十八日、カーター

上・図9　2022年11月、ツタンカーメンの王墓発掘100周年に合わせて、エジプトのみならず各国から黄金のマスクを取り上げた切手が発行された。そのうちの英国が発行した1枚。

下・図10　同じく2022年にフランスが発行した黄金のマスクの切手。

率いる調査隊はルクソールに入った。

十一月四日、調査隊のエジプト人作業員が何気なしに目を留めた石に、人為的に削られた痕跡があるのを発見。その石は埋もれた階段の一番上の段だったことが確認されたため、翌五日、調査隊はその下から十二段の階段を発見し、それを下ると、王家の紋章で封印された漆喰の扉を発見した。

手つかずの王墓を発見できたと確信したカーターは、ただちに英国のカーナヴォン卿に電報で報告。十一月二十三日にカーナヴォン卿が現地入りするまでに墓の入口のところまで掘り進み、翌二十四日、〝ネブケペルラー（ツタンカーメンの即位名）〟の名が記された封印のある入口の扉が開かれた。

扉のすぐ内側は、岩片で埋め尽くされた傾斜路だったため、調査隊はそこからさらに二日をかけて岩片を除去し、二十六日、地下七メートルほどの地点にある墓の入口に到達し、墓を開封。以後、ツタンカーメンのミイラと黄金のマスクをはじめ、数多くの重要な発見がなされた。

図11　アクエンアテン（アメンホテプ4世）。

ツタンカーメンの父親、アクエンアテン（アメンホテプ四世。図11）が即位した当初、エジプトではアメン神の信仰が全盛期を迎え、アメンを讃えていたエジプトの神官たち（アメン神団）はファラオをも凌ぐ権勢を誇っていた。

このため、アメンホテプ四世はアメン神団に対抗するため、アテン神の信仰を導入。みずからアクエンアテンに改名し、首都をテーベからアマルナへ遷都。さらに新都では、王家として従来からのアメン信仰を停止し、アテン以外の神々の祭祀を停止し、偶像を破壊するなど、一神教的な改革を断行した。

しかし、アクエンアテンの急進改革はエジプト国内に多くの混乱をもたらしたため、父王の崩御を受けて十歳で王位を継承したツタンカーメンの下、首都は元のテーベに戻され、アテン神以外の信仰も復活させた。この結果、テーベの復興は進んだが、ツタンカーメン本人は、十年で跡継ぎを残さずに崩御。遺体は副葬品とともに王家の谷の小さな墓に埋葬され、カーターらの発掘まで忘れられた存在になっていた。

ツタンカーメンの黄金のマスクを最初に取り上げた

図12　ツタンカーメンの黄金のマスクを取り上げた最初の切手。

切手は、ファールーク王制末期の一九四七年三月九日、エジプトで発行された〝国際現代美術展覧会〟の記念切手（図12）で、以後、エジプト内外の黄金のマスクを取り上げたさまざまな切手が発行されていくことになる。

ベルリンのネフェルティティ

ツタンカーメンの黄金マスクを描く最初の切手が発行されてから五年後の一九五二年七月二十六日、ナセル（ガマール・アブドゥンナーシル）率いる自由主義将校団が革命を起こし、ファールーク王制は崩壊する。

図13　ベルリンのネフェルティティ像を取り上げた1953年のエジプト切手。

革命後まもない一九五三年、黄金のマスクと並ぶエジプト美術の華とされるネフェルティティ像を描く普通切手（図13）が発行された。以後、黄金のマスク同様、エジプトではネフェルティティの胸像を題材とした切手がしばしば発行されている。

ネフェルティティは、エジプト新王国・第十八王朝のファラオ、アクエンアテンの正妃で、ツタンカーメンの義母に当たる。アクエンアテンとの間に六人の娘を生み、そのうちの一人が後にツタンカーメンの王妃になるアンケセナーメンであること以外、その生涯については不明な点も多い。

切手に取り上げられた胸像は、一九一二年十二月六日、ユダヤ系ドイツ人考古学者、ルートヴィヒ・ボルヒャルト率いるドイツ・オリエント協会がナイル川河畔のアマルナにあった彫刻家トトメスの工房跡で発見された。高さ四七センチ、重さ二〇キロほどで、石灰岩に化粧漆喰をかぶせて彩色されている。もともと、王冠にはウラエウスの装飾があったが（図14）、現在は損壊して一部が残るのみである。

　アマルナで発見された胸像はベルリンに運ばれ、発掘のスポンサーとなっていたユダヤ系実業家のジェームズ・ジーモンに寄贈され、その他の出土品とともにベルリン美術館に貸し出された。ただし、他の出土品はすぐに展示されたが、ネフェルティティの胸像については、一九二〇年にベルリン美術館に寄贈された後も非公開のままとされ、一九二四年になって、ようやく、ベルリンのエジプト美術館で一般公開された。

図14　2019年3月8日、エジプトが発行した国際女性デーの切手には、ウラエウスの装飾が損壊していない状態を想定したネフェルティティの肖像が描かれている。

　胸像が公開されると、エジプト政府はドイツ側に対して返還を要求し、翌一九二五年には胸像の返還をドイツに対する発掘許可の条件にすると警告した。さらに一九二九年には、エジプト政府は他の遺物と胸像との交換を提案したが、ドイツ側は応じなかった。

　ドイツは胸像の返還を強く拒み続けていただけでなく、一九三〇年代にはドイツのメディアが胸像を〝新しい女王〟として取り上げ、「このうえなく高貴で、王冠にちりばめられた宝石とともにプロイセン・ドイツが誇る宝物」であり、ネフェルティティは第一次世界大戦の敗戦によって失われたドイツ帝国の世界的地位を回復させるだろうとも報じるほどだった。

　これに対して、一九三三年に発足したヒトラー政権の航空大臣ヘルマン・ゲーリングが、エジプトを英国から離反させる工作の一環として、国王ファールーク一世への胸像の返還を検討したが、ドイツ帝国復活の野望を抱いていたヒトラーはこれを拒否し、胸像を収蔵・展示するための博物館を建設する考えを明らかにした。

その後、胸像は博物館島の新博物館に移されて展示されていたが、一九三九年、第二次世界大戦の勃発に伴い、安全を確保するため、当初は帝国銀行の地下金庫に、独ソ戦勃発後の一九四一年秋にはベルリンの高射砲塔防空壕に、さらに敗戦間際の一九四五年五月六日にはチューリンゲン州の岩塩坑に移された。

一九四五年五月、胸像は進駐してきた米軍によって接収され、フランクフルトに運ばれた後、一九四六年までヴィースバーデンの美術館で公開されていた。これに対して、東ベルリンを占領したソ連は、胸像を第二次世界大戦以前の展示場所である博物館島へ返還するよう要求したが、西側諸国はこれを拒否した。

この間にも、連合国の一員としてドイツ軍と戦ったファールーク王政は、米国に対して胸像の返還を要求。これに対して米国は、ドイツとの講和条約が発効した後、エジプトは新生（西）ドイツ政府と返還交渉を行うべきだとして問題を先送りにした。

一九五二年に発足したナセルの革命政権は、西ドイツ政府と交渉を試みたが、ドイツ側は交渉に応じなかった。一九五五年五月五日、米英仏と西ドイツの間でパリ協定が発効し、西ドイツが主権を回復すると、翌一九五六年、胸像は西ベルリンへ返還されてダーレム美術館に展示され、一九六七年にシャルロッテンブルクのエジプト美術館に移された。

西ベルリンの至宝としての胸像の存在は、一九七〇年代に入ると、英国の発見したツタンカーメンの黄金のマスクと比肩しうるドイツ帝国の遺産にして、東西ドイツの再統合を目指す象徴としての意味を持つようになり、冷戦末期の一九八八年七月十四日には西ドイツの七十ペニヒ切手（普通切手。図15）にも取り上げられた。

一九九〇年のドイツ再統一後もエジプトはドイツに対して胸像の返還を要求し続けているが、ドイツ側は応じておらず、二〇〇五年新博物館改修のために胸像は旧博物館に移され、二〇〇九年十月に同館の改修工事が完了すると、あらためて同館に戻され展示の目玉になっている。

その後、エジプト考古最高評議会は、二〇一一年一月、新博物館に対して胸像の返還を要請する文書を送付。さらに、翌二〇一二年には、ギザの三大ピラミッ

図15　ネフェルティティの構造を取り上げた西ドイツ（ベルリン地区）の70ペニヒ切手。

図16　2013年にドイツが発行した"ドイツの博物館の至宝"の切手のうち、ネフェルティティの胸像を取り上げた1枚。

ドの近くに新設される大エジプト博物館開設記念として胸像の貸与を求める要請がなされたが、ドイツ政府はこれらを完全に無視しただけでなく、二〇一三年一月二日、〝ドイツの博物館の至宝〟と題する特殊切手にネフェルティティの胸像を取り上げ（図16）、胸像はあくまでもドイツの財産であり、エジプト側に返還する意思が全くないことを改めてアピールしている。

メンフィスのラムセス二世像

さて、一九五二年の革命当初、ナセルの民族主義政権は、王制時代に事実上の宗主国であった英国からの自立を目指してはいたが、アスワン・ハイ・ダムの建設計画（ナイル川上流に巨大なダムと発電所を建設し、それを利用した灌漑により大規模な農地を開拓する計画）を遂行していくためには、米英両国と世界銀行の資金援助が不可欠だったこともあり、西側諸国との対立は望んでいなかった。そのため、英軍の運河地帯からの撤退に際しては、運河の所有権は英仏両国を大株主とする国際スエズ運河株式会社が保有することとされ、運河の自由な航行を保障する国際協定も引き続き有効であることが確認されていた。

しかし、英軍の撤兵がエジプト軍の北上を招くことを懸念したイスラエルは、英軍の撤兵を妨害するためさまざまな破壊工作を展開。一九五五年二月には、イスラエル軍の攻撃によりエジプト軍兵士三十八名が犠牲になる事件も発生した。

そこで、イスラエルの脅威に対抗する必要から、エジプトは米国をはじめとする西側諸国から最新兵器を購入したが、米英仏の三ヵ国は、中東への武器供与を制限する三国宣言を理由にこれを拒絶する。

時あたかも同年四月には、インドネシアのバンドンでスカルノが主催するアジア・アフリカ会議（バンドン会議）が開催され、ナセルはスカルノや周恩来、ネルーとともに非同盟諸国の旗手とみなされるようになった。ちなみに、ナセルが周恩来と初めて出会い、エジプトと中華人民共和国との間に外交上の接点ができたのも、バンドン会議だった。

東西冷戦の時代、いわゆる非同盟諸国会議など、東西両陣営のいずれにも与することなく、自立的な国家建設を行っていこうとする新興諸国は少なからず存在していた。もっとも、これらの新興諸国の多くは反帝国主義を基本にしており、その意味では、植民地主義の権化ともいうべき英仏など西側諸国から距離を置き、濃淡の差こそあれ、米国よりもソ連寄りの立場を取っていることが少なくなかった。

こうしたこともあって、西側からの武器調達に失敗したナセルはソ連に接近し、一九五五年十月、チェコスロバキア経由での通商協定という名目で、綿花（エジプトの主力輸出品）とのバーター取引でソ連製兵器を獲得した。

さらに一九五六年五月三十日、エジプトは米国の圧力を押し切って台湾の国民党政府と断交し、中華人民共和国と国交を樹立した。ここに至り、エジプトの中ソへの接近を阻止しようと考えた米国は、一九五六年七月十九日、突如アスワン・ハイ・ダム建設資金の援助の約束を撤回してナセルに圧力をかける。

さらに、英国と世界銀行も同様の声明を発したため、資金不足からダム建設中止の瀬戸際に追い込まれたナセルは、同年七月二十六日、年間一億ドルのスエズ運河の収益をアスワン・ハイ・ダム建設の資金に充てるべく、運河の国有化を宣言し、管理会社である国際スエズ運河株式会社の全資産を凍結した。

これに激怒した英仏両国は、イスラエルと同調し、武力による運河国有化の阻止を計画。一九五六年十月二十九日、イスラエルがスエズ運河地帯のエジプト軍駐留地域への進撃を開始し、第二次中東戦争（スエズ戦争）が勃発する。

第二次中東戦争では、エジプト側の軍事的劣勢は誰の目にも明らかだったが、英仏両国のあまりにも露骨な侵略行為は、米ソを含む国際社会の厳しい非難を浴び、十一月二日、関係国への停戦とスエズ運河通航の再開を求める国連総会決議九九七が採択された。英仏両国は国際世論に屈するかたちでスエズ侵攻作戦を中止し、十二月二日にエジプトからの撤兵を宣言。同月二十二日までに全兵力を引き揚げた。

第二次中東戦争は、軍事的にはともかく、政治的にはエジプトの圧勝だったから、アラブ諸国のみならず新興独立諸国の間ではナセルの権威は絶大なものとなった。

こうした中で一九五七年十月八日、エジプト郵政は、ラムセス二世像を取り上げた十ミリームの普通切手（図17）を発行する。

切手に取り上げられたラムセス二世像は、スフィンクスで有名なギーザの二〇キロ南に位置するメンフィス（ミート・ラヒーナ）で発見されたもので、切手の図案でも、下エジプトの支配者であることの象徴として〝ウラエウス〟の装飾がしっかりと見える。

ラムセス二世は、紀元前一二八六年頃、シリア・パレスチナの領有権をめぐってヒッタイトと戦ったカデ

図17　1957年にエジプトが発行したラムセス2世像の10ミリーム切手。

シュの戦いで勝利を収めたことで知られる。第二次中東戦争で英仏イスラエルに（政治的に）勝利したナセル政権が、自らのイメージをカデシュの勝者としてのラムセス二世と重ね合わせようとしていたことは間違いない。

なお、第一次世界大戦の結果、オスマン帝国は解体され、パレスチナは英国の委任統治領となったが、一九四八年にイスラエルが建国を宣言して、これを認めない周辺アラブ諸国との間で第一次中東戦争が勃発すると、エジプトは混乱に乗じてガザ地区を占領し、自国領に編入した。一九五六年の第二次中東戦争中には、ガザ地区は一時的にイスラエルに占領されたが、停戦後、イスラエルは撤退し、エジプトによる統治が復活した。

当時、エジプトは自国領としてのガザ地区では、本国切手に〝PALESTINE〟と加刷した切手を発行・使用していたが、ラムセス二世の十ミリームもガザに持ち込まれて使用されている（図18）。

ところで、第二次中東戦争では英仏を支援しなかった米国も、ナセルの民族主義政権がソ連に接近することは許さず、アスワン・ハイ・ダム建設のための資金援助も凍結されたままだった。

図18 “PALESTINE”加刷のラムセス２世像切手。

ナセルの唱えたアラブ民族主義は、アラブ諸国が西欧の植民地主義によって分断されている現状を打破するためには、各国で共和革命を起こして西欧諸国におもねらない独立の民族主義政権をつくり、そうした国々が連帯してアラブを再統合し、その力をもってパレスチナ問題を解決する、というのが基本方針である。

こうした中で一九五七年、エジプトに親和的な民族主義政権のシリアは、親西側王政のヨルダンの民族主義者を煽動してクーデターを画策したが、ヨルダン政府は米国の助力でこれを鎮圧した。これを機に、シリアと米国の関係は極端に悪化し、外圧に抵抗する必要に迫られたシリアは、同じく民族主義政権のエジプトとの国家連合によって事態を乗り切ろうとした。

こうして、一九五八年二月、エジプトとシリアの国家連合が成立し、アラブ連合共和国（ＵＡＲ）が発足。ナセルがＵＡＲの大統領に就任した。

ＵＡＲの発足後も両国の通貨統合は行われなかったため、両国は別々の切手を発行していたが、その国名表示はどちらもＵＡＲとなった。このため、ラムセス二世像の切手に関しても国名表示を〝ＵＡＲ〟に変更した切手（図19）が新たに発行されたほか、ガザ地区

図19　ＵＡＲ表示のラムセス２世像切手。

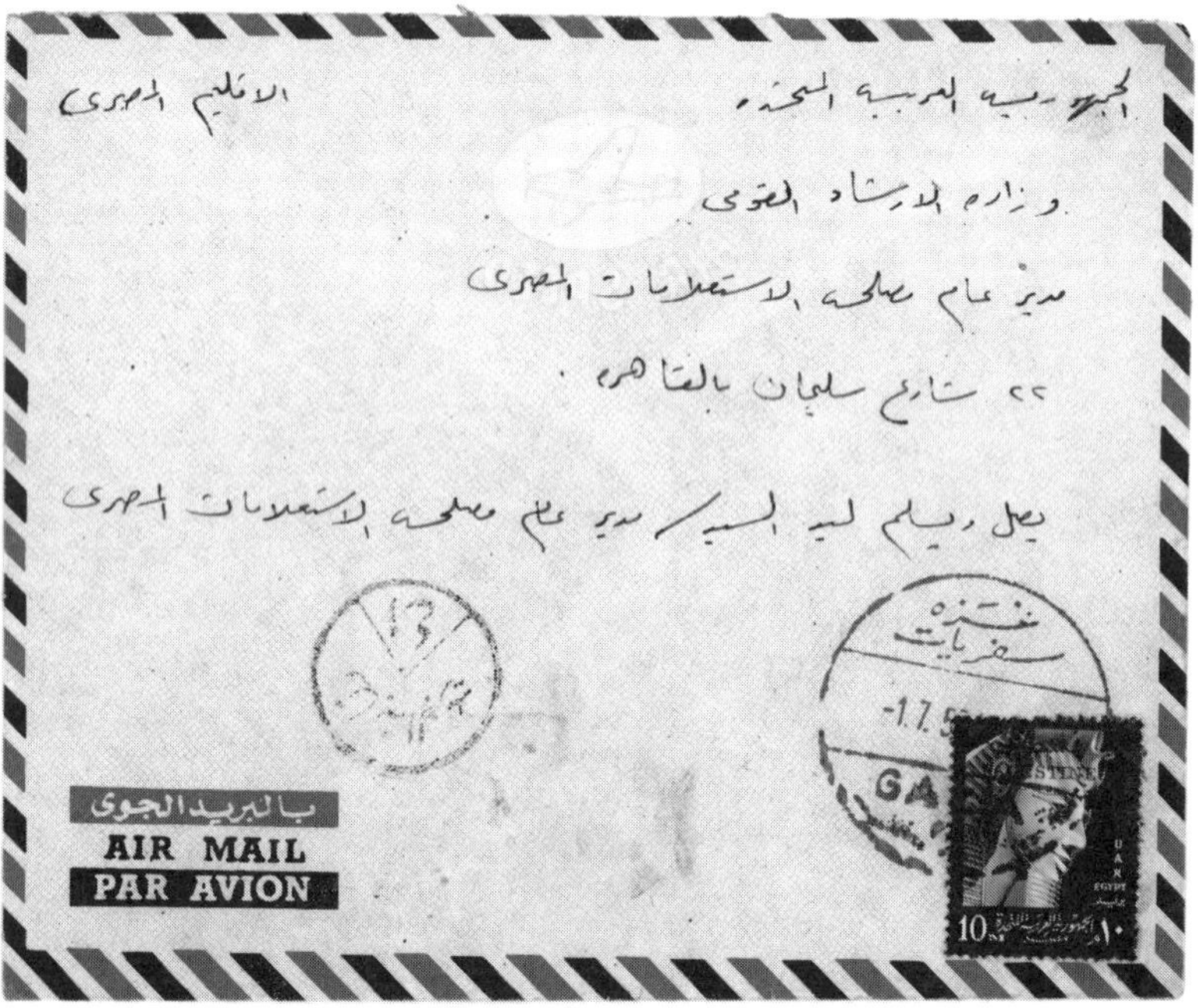

図20　ＵＡＲ表示の“PALESTINE”加刷切手の使用例。1959年７月１日、ガザからカイロ宛。

で使用するためUAR表示切手に〝PALESTRINE〟と加刷した切手（図20）も発行されている。

もっともUARは、飛び地国家であったことに加え、政権内の指導権争いや、統制経済の度合いが強いエジプトの政策がシリアでも実施されていったことによる摩擦、さらには、経済的な格差に起因するシリア側のコンプレックスとエジプト側の尊大な態度などが絡み合い、一九六一年九月にはシリアが脱退して破綻し、ナセルの権威も大きく傷つくことになる。

アスワン・ハイ・ダムとアブ・シンベル神殿

ナセル政権によるアスワン・ハイ・ダムの建設工事は一九六〇年から始まったが、ダムが完成すると、アブ・シンベル神殿をはじめとするヌビア遺跡が水没することが懸念されたため、ダムの着工に先立ち、ナセルは自らユネスコに要請し、一九五九年、ヌビア遺跡救済の国際キャンペーンが展開された。

アブ・シンベル神殿は、紀元前一二六〇年頃、ラムセス二世が建造した。

図 21　ヌビア遺跡救済キャンペーンの一環として、アブ・シンベル神殿の大神殿を取りあげた 1959 年のエジプト切手。

図 22　同じく小神殿を取り上げた 1959 年のエジプト切手。

大神殿（図21）と小神殿（図22）で構成されているが、大神殿は太陽神ラーを祭神としており、正面には、青年期から壮年期までの四体のラムセス二世像（ただし、左から二体目は神殿完成の数年後に起きた地震によって崩れ、頭部の一部が二体目の前に転がっている）が置かれている。その頭部には、いずれも〝ウラエウス〟の装飾がある。なお、大神殿を最初に取り上げた切手は、一九一四年、当時はオスマン帝国の形式的な宗主権下にあったエジプトで発行された百ミリームの普通切手（図23）である。

一方小神殿は、王妃ネフェルタリのために建造され、女神ハトホルを祭神としており、正面には二体のネフェルタリ像と四体のラムセス二世像が交互に置かれている。

ネフェルタリはエジプト貴族の出身（それ以上の詳細は不明）で、十三歳の時に、王位継承以前のラムセス（当時十五歳）と結婚し、長男アメンヘルケペシュエフを産んだことで最初の正妃になった。ラムセス二世との間には六人の息子と娘をもうけ、紀元前一二五五年頃に亡くなり、王妃の谷に埋葬された。

図23　アブ・シンベル神殿を取り上げた最初の切手（1914年、エジプト発行）。

アブ・シンベル神殿では、ラムセス二世像の頭部にウラエウスの装飾が施されているのに対して、ネフェルタリはネクベト（上エジプトの象徴としての白いハゲワシ）を頭上にいただく姿で表現されており（図24）、王と王妃の組み合わせでエジプト全土の支配者であることが示されている。

さて、当初、ヌビア遺跡の救済キャンペーンに対しては、ナセル政権による強引なスエズ運河国有化に対する反発や、アスワン・ハイ・ダム建設をソ連が支援していたことなどもあって、西側世界では支持を得ることが難しいとみられていた。

しかし、フランス文化大臣のアンドレ・マルローの尽力もあって、世界五十ヵ国から総事業費の半額に当たる約四千万ドルの募金が集まり、一九六四年から一九六八年にかけて、神殿は元の場所から約六〇メートル上方、ナイル川から二一〇メートル離れた丘に移築された（図25）。

神殿の移築は全世界的に注目を集める大事業であったため、当事国のエジプトだけでなく多くの国々が、一九六四年に移築工事が始まる前後からプロジェクト

図 24　ネクベトを頭上にいただくネフェルタリ像を取り上げたエジプトの切手シート。

図 25　移築後のアブ・シンベル神殿とナイル川。

図26　1964年6月28日にアルジェリアが発行したヌビア遺跡救済キャンペーンの切手。ウラエウスのあるラムセス2世像が水没するイメージがデザインされている。

図27　1964年3月9日にナイジェリアが発行したヌビア遺跡救済キャンペーンの切手。小神殿正面のラムセス2世像が描かれている。

図29　1963年10月1日、韓国が発行したヌビア遺跡救済キャンペーンの切手。

図28　1964年3月8日にインドネシアが発行したヌビア遺跡救済キャンペーンの切手。

への支援を呼びかける切手を発行している。

切手を発行した国は、一九五四年以来の苛烈な独立戦争の末、一九六二年七月に独立を達成したアルジェリア（図26）や一九六〇年に英国から独立したナイジェリア（図27）、スカルノ政権下のインドネシア（図28）など、東西冷戦下での東側寄りの中立を標榜していた〝非同盟諸国〟が多かったが、米国との同盟国であった韓国（図29）でもヌビア遺跡救済キャンペーンの切手が発行されているのは興味深い。

一九六一年の軍事クーデター（五・一六革命）に際して、朴正煕、金鍾泌らクーデター指導部は、過去のさまざまな軍事革命を研究して計画を立案したが、最終的に作戦のベースになったのはナセルのエジプト革命だった。

一九五二年のエジプト革命では、当初形式的に、王制時代の参謀総長のムハンマド・ナギーブをトップとして擁立し、ナセルは副首相兼内務大臣として実権を掌握していた。そして、新政権が安定してきた一九五三年後半、「（イスラム過激派の）ムスリム同胞団と結託して独裁を図っている」としてナビーブへの本格的な批判を開始。一九五四年二月二十五日、革命指導評議会は「許容されない絶対的な権力を求めた」としてナギーブの首相職を解き、同年十一月十四日、ナギーブ派を追放してナセルが権力を完全に掌握するという経緯をたどった。

韓国の五・一六革命でも、朴正煕と金鍾泌は、ナセルがナギーブを追い落とした先例に倣い、当初は陸軍参謀総長の張都暎を国家再建最高会議の議長として推戴し、実権を握る朴正煕は副議長に就任したうえで、後に、張を失脚させて朴が議長に就任するという手順を踏んでいる。

こうした事情があったため、朴正煕としては、民族主義者としてのナセルとその革命に共感し、彼に範をとっていたが、韓国が米国の同盟国であり、何より反共を国是として北朝鮮と対峙している以上、〝親ソ派〟と認定されているナセル政権への支持を表立って表明できないというジレンマがあった。

そこで朴正煕は、〝ヌビア遺跡保護〟に賛同するという建前で、アスワン・ハイ・ダム建設の意義を肯定的に評価し、そこから間接的にナセルの革命を高く評価し、自分たちもナセルに学ぶべき点は学ぶべきとのロジックを展開する。

実際一九六三年十月十五日の大統領選挙に先立ち、朴正熙の著作として公刊された『国家、民族、私』において、朴は

「われわれも『漢江の奇跡』をなしとげうるのである。（中略）『経済至上』、『建設優先』。『労働至高』（中略）ナセル革命がアスワン・ダムをその象徴とするように、わが五・一六革命はその象徴として蔚山工業センターと第一次五ヵ年計画があげられる」

と述べ、ナセルのエジプトが自分たちの〝革命〟のモデル（の一つ）であることを明言している。

韓国のヌビア遺跡救済キャンペーンの切手は、こうした政治的文脈に沿って、大統領選挙の投票日二週間前の十月一日に発行されたもので、そこには、五・一六革命以来の諸改革が、ナセルの革命に勝るとも劣らない実績を挙げつつあるというイメージを国民に想起させ、朴正熙（とその革命路線）への支持を誘導しようという意図を背後に読み取ることができる。

第4章　ヘルメス／マーキュリーの蛇杖

郵便は世界を結ぶ

一九四九年は、郵便交換のための国際条約組織、万国郵便連合（ＵＰＵ）の創立七十五周年に当たっていたため、英連邦諸国でも記念切手が発行されることになり、英本国の記念切手とは別に、英領植民地用の記念切手四種の共通図案が制作され、一九四九年十月十日、すべての英領地域ではないが、多くの地域で一斉に発行された。そのうちの一つに、通信を司るヘルメス／マーキュリー（ローマ神話ではメルクリウス、英語ではマーキュリー。本書では、以下、ギリシャないしはギリシャ神話に関する記述の時はヘルメス、それ以外は原則としてマーキュリーと呼ぶことにする）が全世界に郵便物を運んでいる様子が描かれている（図1）。

一八四〇年に英国が世界最初の切手を発行して以来、

図1　1949年10月9日、英連邦で一斉に発行された“万国郵便連合75周年”の記念切手のうち、通信を司るヘルメス／マーキュリーが全世界に郵便物を運んでいるさまを描いた1枚。切手はジブラルタルが発行したもの。

切手を用いる近代郵便制度は急速に全世界へと拡大。当初、国境を越えた郵便物のやり取りに関しては、それぞれの国がさまざまな国との間で二国間条約を結んで処理していたが、各国ごとに郵便物の重量についての制限や段階などが異なっていたほか、条約ごとに料金体系もさまざまだった。このため、一口に外国郵便といっても、宛先によって料金や手続きがまちまちで、利用者や郵便の現場では、さまざまな不便・不都合があった。

そうした不便を解決すべく、一八六二年、米国の郵政長官・ブレアは、世界共通の国際郵便条約締結を目指し、国際会議の開催を提案。これを受けて、一八六三年、英仏をはじめ十四ヵ国の代表がパリに集まり、重量や料金の統一などについて討議し、三十一ヵ条からなる一般原則を採択した。

こうした流れを受けて、一八六八年、北ドイツ連邦の郵政長官・シュテファンが国際郵便条約の草案を発表する。

十九世紀初頭のナポレオン戦争以降、いわゆるウィーン体制下のドイツ圏では、オーストリア主導の下、三十五の領邦（地方君主国）と四自由都市の緩やかな連合としてドイツ連邦が構成されていた。その後、このドイツ連邦内の主導権をめぐり、プロイセンとオーストリアが対立し、一八六六年六月、プロイセンはドイツ連邦からの離脱を宣言し、オーストリアに対して宣戦を布告した。いわゆる普墺戦争である。

この戦争に勝利を収めたプロイセンは、ドイツ連邦を解散し、マイン川以北の領邦との間で新連邦を形成。シュレスヴィヒ・ホルシュタイン両公国、ハノーファー王国、ヘッセン選帝侯国、自由都市フランクフルト・アム・マインはプロイセン領とされた。こうして一八六七年、プロイセンを盟主として、二十二の領邦の連合体による北ドイツ連邦が成立。これを母体に、一八七一年に誕生したのがドイツ帝国である。

ドイツ統一以前の領邦国家の中には独自の切手を発行している国も多く、領邦間の郵便交換の調整は深刻な問題で、シュテファンが外国郵便の簡素化を各国に提唱したのも、多数の領邦国家を抱えるドイツとして、大いに不便を感じていたという事情もあった。

さて、シュテファンの提案は、ドイツ統一後の一八七四年、スイスの召集により開催された郵便大会議において討議され、会議最終日の十月九日、「一般郵便連合の創立に関する条約」が調印される。この条約は一八七五年七月一日から施行され、以後、一般郵便連合加盟国の間で交換される郵便物は均一料金となり、現在の国際郵便網の原型ができあがった。

一方、わが国では、一八七一年に近代郵便が創業され、その郵便網は急速に整備されていった。当初、日本郵政は外国宛の郵便物を取り扱うことはできず、開港地に置かれた英・米・仏の郵便局を頼らざるを得なかったが、一八七三年八月、日米間で皇米郵便交換条約が締結され、一八七五年一月一日以降、米国の仲介を頼ったとはいえ、日本の郵政は外国宛の郵便物の取り扱いを開始する。

こうした実績を踏まえ、一八七七年、わが国は一般郵便連合への加盟が認められ、郵便に関しては欧米諸国と対等の地位を獲得した。

ちなみに、わが国は同連合創立以来、二十八番目の加盟国だが、普仏戦争の影響から、フランスでさえ同連合に加盟したのは、日本の加盟前年の一八七六年のことだったから、当時の日本の総合的な国力に比して、日本の国家郵政に対する国際社会の評価は極めて高かったといってよい。なお、一般郵便連合は一八七八年のパリ会議で、現在の名称である万国郵便連合と改称された。

一九四五年六月の国連憲章調印により、万国郵便連合は国連の専門機関となったが、これに伴い、敗戦国の日本とドイツ、米軍政下の南朝鮮などは参加資格を一時的に喪失。しかし、これでは国際郵便の実務面で支障が多かったため、戦後最初の連合大会議となった一九四七年のパリ大会議では、これらの国々でも連合国の許可を得れば、連合に復帰できることを最終議定書第十七号第二項で規定。これを受け、一九四八年六月、わが国は万国郵便連合への復帰を果たし、現在に至っている。

なお、一九四七年の大会議では、ポーランド代表が一九四九年の連合創設七十五周年に際して、全加盟国が同図案の記念切手を発行したらどうかと提案。最終的に、全加盟国が同図案の切手を発行することは物理的な制約もあって非現実的とされたものの、チェコスロヴァキア、ハンガリー、ギリシャ、レバノンの修正案を踏まえ、加盟各国が一九四九年十月の連合創立七十五周年に記念切手を発行するとの申し合わせがなされた。

冒頭の切手もその一枚だったわけだが、当時このデザインの記念切手は、以下の地域から発行されている（地域ごとに大別した後、アルファベット順に列挙している）。

1　アジア（中東を含む）

①アデン（現イエメン）　②アデン・カシーリー（同）

③アデン・クアイティー（同）　④ブルネイ

⑤香港　⑥マラヤ・ジョホール（現マレーシア）

⑦マラヤ・クダー（同）　⑧マラヤ・クランタン（同）

⑨マラヤ・マラッカ（同）　⑩マラヤ・ヌグリスンビラン（同）

⑪マラヤ・パハン（同）　⑫マラヤ・ペナン（同）

⑬マラヤ・ペラ（同）　⑭マラヤ・プルリス（同）

⑮マラヤ・スランゴール（同）

⑯マラヤ・シンガポール（現シンガポール）

⑰マラヤ・トレンガヌ（現マレーシア）

⑱英領ノース・ボルネオ（同）　⑲サラワク（同）

2　アフリカ

①バストゥランド（現レソト）

②ベチュアナランド（現ボツワナ）

③ガンビア　④ゴールドコースト（現ガーナ）

⑤ケニア・ウガンダ・タンガニーカ（現在のケニア、ウガンダ、タンザニアの大陸部分）

⑥モーリシャス　⑦ナイジェリア

⑧ニヤサランド（現マラウィ）　⑨セイシェル、

⑩シェラレオネ　⑪ソマリランド

⑫南ローデシア（現ジンバブエ）

⑬スワジランド（現エスワティニ）　⑭ザンジバル

3　ヨーロッパ

①キプロス　②ジブラルタル

③マルタ

4　南大西洋

①アセンション島　②セントヘレナ

5　北米・カリブ海

①アンティグア　②バハマ

③バルバドス　④バミューダ

⑤ケイマン諸島　⑥ドミニカ（現ドミニカ国）
⑦グレナダ　⑧ジャマイカ
⑨リーワード諸島　⑩モントセラト
⑪セントキッツ・ネイヴィス　⑫セントルシア
⑬セントヴィンセント　⑭トリニダード・トバゴ
⑮ヴァージン諸島

6　中南米
①英領ギアナ（現ガイアナ）
②英領ホンデュラス（現ベリーズ）
③フォークランド　④フォークランド属領

7　オセアニア
①英領ソロモン諸島（現ソロモン諸島）　②フィジー
③ギルバート&エリス（現キリバス）
④ピトケアン諸島　⑤トンガ
⑥タークス&カイコス

このリストを見てみると、二度の大戦で衰えたりとはいえ、一九四九年当時の大英帝国はまだ七つの海を制覇していたことがわかる。そして、全世界に散らばった植民地から、一斉に発行されたマーキュリーの切手は、まさに万国郵便連合のスローガンである「郵便は世界を結ぶ」の象徴となっていたのだ。

ヘルメスとケリュケイオン

一九四九年の記念切手に描かれたマーキュリーは、流通・通信を司る神の証として、ケリュケイオン（ラテン語ではカドゥケウス）と呼ばれる杖を携えている（図2）。

図2　ケリュケイオンを手にしたヘルメスとアテナを描いたプラハ城の天井画（1970年にチェコスロヴァキアが発行した美術切手の1枚）。

ケリュケイオンは、もともとは先端から二本の小枝が伸びて本体にからんでいる木の枝のことで、水脈を探すための占い棒に近い形状のものだったようだが、後に二匹の蛇が棒を這い上がる形状となったと考えられており、〝使者〟の立場を示すものとして、ゼウスの妻ヘラの使者である、イリスも同じ杖を持っていた(図3)。

ヘルメスはゼウスとマイアの子で、ゼウスは彼をオリュンポス神族の伝令となる神としたかった。

図3　1935年に発行されたギリシャの航空切手のうち、ケリュケイオンを手にしたイリスを描く2ドラクマ切手。

ヘルメスは生まれてすぐに揺り籠から抜け出し、アポロンの飼っていた牛五十頭を盗んだが、その際、自身の足跡を偽装し、さらに証拠の品を燃やして牛たちを後ろ向きに歩かせて証拠を隠滅している。

翌日、牛がいなくなったことに気付いたアポロンは、占いによりヘルメスの犯行と見抜き、ヘルメスを見つけて牛を返すように迫ったが、ヘルメスは「生まれたばかりの自分に泥棒などできる訳がない」とうそぶき、ゼウスの前に引き立てられても「嘘のつき方も知らない」と語った。

ヘルメスは、ゼウスが妻のヘラに気付かれないように夜中にこっそり抜け出してマイアに会いに行くことで泥棒の才能を、ゼウスがマイアとの関係をヘラに隠し通すことで嘘の才能を身につけていたが、そのことを確認して満足したゼウスは、ヘルメスにアポロンの牛を返すように勧めた。そこで、ヘルメスは牛を返したが、アポロンが納得しなかったため、牛を盗んだ帰りに洞穴で捕らえた亀の甲羅に羊の腸を張ってつくった竪琴を奏でて、その音色でアポロンを魅了し、アポロンは牛と竪琴を交換してヘルメスを許した。

さらにヘルメスが葦笛をつくって奏でると、アポロンは友好の証として、神々の伝令の証であるケリュケイオンをヘルメスに贈り、ヘルメスはこの杖によって、冥界・地上世界・天界を自由に往来できるようになった。

ここから、ヘルメスは流通、旅、通信、商業の神とされるようになり、西洋諸国で近代郵便制度が創業されると、ヘルメスや、その象徴としてのケリュケイオンは通信事業のシンボルとして、世界各国の切手に取り上げられることになる。

最初の蛇切手

その嚆矢となったのが、一八五一年に発行されたデンマーク最初の切手（図４）である。

デンマークの官営郵便制度は、クリスチャン四世（在位一五八八―一六四八）治世下の一六四二年十二月二十四日、九路線で開設され、運営はコペンハーゲン市長といくつかのギルドが担当した。当初、郵便物は配達夫が運んでいたが、一六四〇年以降は馬が使われた。

一六五三年七月十六日、郵便事業はパウル・クリンゲンベルクに譲渡され、クリンゲンベルクの下で、郵便馬車が導入されてノルウェー宛郵便物の取り扱いも始まった。クリンゲンベルクは、一六八五年三月十四日、郵便事業をクリスチャン・ギルデンローヴ伯爵（国王クリスチャン五世の非嫡出子）に譲渡し、以後、一七一一年に再び官営化されるまで、ギルデンローヴ家が郵便事業を担当した。

デンマーク最初の切手は、一八五一年三月十一日の法令に基づき、同年四月一日に発行された。額面は四

図４　1851 年に発行されたデンマーク最初の切手

リクス・バンク・スキリング（RBS）で、剣と笏を交差させた上に王冠を中央に描き、四隅には郵便ラッパが描かれている。周囲には〝KONGELIST／POST／FRIMARKE／FIRE　RBS（王立　郵便　切手　4RBS）〟の表示があり、上辺の〝POST〟の文字の両脇には通信のシンボルとしてケリュケイオンが描かれている。

　この切手がケリュケイオンを描いた世界最初の切手で、同時に蛇を描いた最初の切手ともなっている。

図5　1902年にセントルシアが発行した“セントルシア発見400年”の記念切手。

　ちなみに、生物としての蛇の姿が明瞭に確認できる切手としては、一般に一九〇二年十二月十五日にカリブ海のウィンドワード諸島中央部にあるセントルシアが発行した〝セントルシア島発見四百年〟の切手（図5）が世界最初の一枚とされている。

　カリブ海のセントルシア島の存在がヨーロッパで認知されたのは、一五〇二年にヴァティカンの地球儀にその名が記載されてからのことだが、その〝発見者〟については、一四九三年にコロンブスが第二回航海で発見したという説と、一四九九年にスペインの探検家ファン・デ・ラ・コーサが発見したとの説がある。ただし、一四九三年のコロンブスの航路はセントルシアから大きく外れていることもあり、現在では否定的に考える専門家が多い。

　その後、一六六〇年、フランスが現地の先住民と結んだ条約によって植民地化され、一六七四年、フランスの王室植民地となった。

　一七二三年以降は、基本的にバルバドスを拠点とする英国と、マルティニークを拠点とするフランスの緩衝地帯として両国の中立地帯とされ、一時的にフランスが占拠しては撤退するという状況が続いていたが、英仏七年戦争末期の一七六二年、英国が島を占領。近隣四島とともに、現地の郵便副長官に郵便業務を行わせた。しかし、翌一七六三年、七年戦争が終結し、セントルシア島もフランスに返還されると、英国による郵便事業も自然消滅。その後、フランス革命とナポレオン戦争の混乱の中で、セントルシアの宗主権も英仏間をめまぐるしく移動したが、最終的に、一八一四年、セントルシアは英領となった。

一八四四年、英国はセントルシアの首府、カストリーズに最初の郵便局を設置し、一日一便、カストリーズとスフレの間の郵便物の取り扱いを開始。この時点では切手は導入されず、郵便物は手押しの印を押すことで料金が徴収済みであることを示していた。

一八五八年四月一日、セントルシアから英本国宛の郵便物は料金の前納が義務づけられ、四月十六日、二ヵ月分の需要を見込んで一ペニー、四ペンス、六ペンスの三種の英本国切手、計五十ポンド相当と、〝A11〟の抹消印がセントルシア宛に送られた。後に、二ペンス切手と一シリング切手も送られたが、当時のセントルシアには文字が読み書きできる者は二百人ほどしかおらず、郵便の利用はごくわずかだった。また、一八六〇年十二月十八日からは、セントルシアとしての独自の切手が発行されている。

一九〇二年の切手は、一五〇二年の地球儀への記載を〝セントルシア〟発見の年とし、そこから起算して四百周年を記念したもので、発見者が最初に目にしたであろう風景として、双子の火山、プチ・ピトン山（七四八メートル）とグロ・ピトン山（七九八メートル）を中央に描き、その左側に国鳥のイロマジリボウシインコを、右側に希少種として知られる蛇、セントルシアレーサーを描いている。

サージュのマーキュリー

ところで、一八五一年のデンマークの切手にはケリュケイオンは描かれているものの、持ち主であるヘルメス／マーキュリーは描かれていない。

ヘルメスそのものを描いた切手としては、一八六一年十月一日（ユリウス暦、グレゴリオ暦では同十月十三日）

に発行されたギリシャ最初の切手（図6）である。

一八五五年、最初の切手の発行を計画したギリシャ政府は、ロンドンのパーキンス・ベーコン社に見積もりを依頼したが、コスト面で折り合いがつかなかった

図6　ギリシャ最初の切手〝ラージ・ヘルメス〟

図7　フランス最初の切手〝セレス〟。ラージ・ヘルメスは、セレスの原画作者、アルベール・バーレが原画を制作したこともあり、セレスとよく似た雰囲気に仕上がっている。

ため、フランス最初の切手である〝セレス〟（図7）の彫刻者、ジャン・ジャック・バーレとアルベール・バーレの父子に切手製造を依頼する。

アルベールは、羽根兜をかぶったヘルメスの頭部を大きくデザインした原版を制作したが、切手には、ケリュケイオンは描かれていない。

ケリュケイオンとヘルメスが揃って描かれた切手としては、一八七五年にフランスで発行された〝サージュ・タイプ〟の普通切手が最初となる。

フランスでは、普仏戦争中の一八七〇年にナポレオン帝政が倒れ、第三共和政が発足したが、当初は、普仏戦争の敗戦やパリコミューンの騒擾といった混乱もあって、第二共和政時代の〝セレス〟図案の切手が使用されていた。

その後、一八七五年八月九日、社会的な安定が戻ってきたことを受けて、フランス郵政は新体制にふさわしい新普通切手の図案公募を行った。

新切手の公募に際しては、政治的な要素を排し、〝POSTES（郵便）〟や〝REPUBLIQUE FRANÇAISE（フランス共和国）〟の文言を入れるなどの条件をクリアし

図8　サージュの切手

た応募作品の中から、「世界を結び付け、支配する商業の神（ヘルメス）と平和の女神（エイレネ）」を描いたジュレ・オーギュスト・サージュの作品が採用された。いわゆる〝ティプ・サージュ（以下、サージュ）〟の切手（図8）である。

　サージュのマーキュリー（フランス語読みだとメルキュール）は全身像で、翼のある帽子をかぶってサンダルを履き、ケリュケイオンを持った姿になっている。ちなみに、マーキュリーと並んで左側に描かれているエイレネは、ローマ神話では〝パークス（パクスとも）〟と呼ばれている。ヘシオドスの『神統記』によれば、彼女はゼウスとテミスの娘で、ローマ時代には皇帝アウグストゥスが彼女のための祭壇を設け、以後、歴代の皇帝が帝政ローマによる秩序の回復（パークス・ローマーナ）の象徴として、手厚い祭祀を行っていた。切手では平和の象徴であるオリーブの枝を持ち、上半身は胸をあらわにした姿で表現されている。

　サージュの切手は、二神が「世界を結び付け、支配する」ことを表現するため、二神の間に地球を配しているが、そこには欧州と北米の地図が描かれていることから、世界最初の地図切手にもなっている。切手の地図をよく見ると、ロンドン、パリ、ローマ、ベルリン、ウィーン、マドリードの各都市と思しき場所に点が打たれているが、これは、郵便が各都市を結びつけることで欧州の平和と秩序が維持されるという原画作者のメッセージであろう。

　なお、サージュの切手は、当初、世界各地の仏領植民地でも無目打の切手がそのまま使用される予定だったが、実際には、一部で地名などを加刷した切手（図

9）が発行されただけにとどまった。

上海のマーキュリー

アジアでは、一八九三年に上海書信館が発行した〃上海開港五十周年〃の切手（図10）に、翼のある車輪の上に乗ったマーキュリーが描かれている。

英国と清朝が戦ったアヘン戦争の結果、一八四二年に結ばれた南京条約では、上海等を開港したうえで、英国領事が駐在すること、貿易に従事する英国人が居住することは決められていたが、具体的な居住地域については規定がなかった。

そこで、翌一八四三年十月の英支虎門塞追加条約において、双方の協議を以て具体的な地域を決定するとされ、同年十一月八日、在清国英上海領事ジョージ・バルフォアが着任する。バルフォは上海市内で借り受けた邸宅を用いて同十四日に英国領事館の業務開始を発表。十一月十七日に上海の開港を公式に告知した。

図10の切手はここから起算して五十周年になるのを記念して発行されたもので、ケリュケイオンを手に、

図９　“サンジバル”の地名と現地通貨の額面が加刷されたサージュ切手。

図 10　上海開港 50 周年を記念して上海書信館が発行した切手。

翼のついた車輪の上に立つマーキュリーが描かれている。

その後、一八四五年十一月に当時の上海道台（地方長官）宮慕久と英国領事のバルフォアの協議により、英国商人の居留地として黄浦江のほとりに、およそ〇・五六平方キロの土地の租借を定める『第一次土地章程』が頒布され、英国領事館が同区域内での土地登記の公的実務を担うとともに、管理区域内での事件などに関する司法権も規定され、英国租界が成立した。

英国に続き、一八四八年には米国租界、一八四九年にはフランス租界がそれぞれ英国租界の北側（呉淞江対岸である虹口一帯）と南の境界線である洋涇浜の対岸に設置され、これらが現在の上海市の原型となる。

ところで英仏租界では行政機関として工部局が設置され、一八六三年六月、郵便局に相当するものとして書信館を設置。年五十両（後に三十両に値下げ）を出資した外国人商社を対象として、追加徴収なしで何回でも手紙をやり取りできる集捐制度を開始し、一八六五年からは独自の切手として、〝（上海工部書信館）大龍票（図11）〟を発行した。

図11　上海大龍票

上海で活動を開始した書信館は、一八六五年寧波に最初の分室を開設。その後書信館は、漢口、福州、羅星塔、汕頭、厦門、烟台、九江、宜昌、重慶、蕪湖、牛荘にまで郵便物の取り扱いを開始し、一八七八年に事実上の清朝の国家郵政として創業された海關（税関）の郵便事業と競合した。ただし、書信館の郵便事業は慢性的な赤字だったため、一八九三年、集捐制度は廃止されて郵便物は完全に有料化され、郵便物ごとに切手の貼付が義務化される。

こうした中で、一八九三年五月、漢口の分局は、上海からの切手の供給が途絶えたのを機に独自の切手を発行するようになったのを皮切りに。各地の書信館でも独自の切手が発行されたが、一八九七年、清朝の国家郵政が正式に発足すると、書信館の郵便業務は停止され、国家郵政に統合された。

ちなみに、当時の中国における通貨は、〝銀両〟と〝銅銭〟の二種類の秤量本位貨幣が併存する銀銅複本位制で、上海書信館大龍票の額面は、上海で流通していた（海關）關平銀の金額で表示されており、表記については、中文が分銀、銀分、文の三種、欧文がCENT、CAND／CANDI（CANDAREENSの略。CANDIは複数形）、CASHの三種がある。

フライング・マーキュリー

ケリュケイオンを手に天駆けるヘルメス／マーキュリーの姿を表現した彫刻として最も有名なのは、後期ルネサンスの彫刻家、ジャンボローニャ（生まれたときの名はジャン・ブローニュ。ジョヴァンニ・ダ・ボローニャ、ジョヴァンニ・ボローニャとも）の〝フライング・マーキュリー〟像であろう。

ジャンボローニャは、一五二九年、ドゥエー（現在はフランス国内）生まれ。アントウェルペンに出て、ジャック・ドュ・ブルックの下で修業した後、一五五〇年にイタリアに移り、ローマで古典古代の彫刻やミケランジェロの作品について詳細に学び、教皇ピウス四世の命でネプトゥーヌスの巨大ブロンズ像を制作した。この像は、後に、ボローニャのマッジョーレ広場にあるネプチューンの噴水に設置されている。

一五五三年にフィレンツェに移り住み、建築家のジョルジョ・ヴァザーリの影響を受け、トスカーナ公国の支配者であったメディチ家の重要な宮廷彫刻家の一人として活動したが、メディチ家は彼がオーストリアやスペインの宮廷に引き抜かれることを恐れ、彼がフィレンツェから出ることを許さなかった。一六〇八年、七十九歳で没。

〝フライング・マーキュリー〟の像は、もともと、ローマのヴィラ・メディチ（メディチ家がローマでの権勢を示すために一五七六年に購入した土地に建てられた別邸）の噴水の装飾として作られたものだが、その後、細かい部分が微妙に異なる三体をあわせて、計四ヴァージョンが作られた。

この像のイメージは、上述の上海書信館の切手にも取り上げられたが、切手の中心的な題材として大きく取り上げたのは、一九〇一年一月一日にギリシャが発行した普通切手、その名も〝フライング・マーキュリー・シリーズ〟が最初である（図12、13）。

フライング・マーキュリー・シリーズには、一レプタ、二、三、五、十、二十、二十五、三十、四十、五十レプタ、一、二、三、五ドラクマの十四額面があり、中央のマーキュリー像は共通だが、枠の模様には三つのパターンがある。また、高額の二ドラクマは銅、三ドラクマは銀、五ドラクマは金をイメージした刷色で印刷されている。

図13　実際に発行されたフライング・マーキュリーの切手。

図12　ギリシャ郵政長官の名義で差し出された1901年の年賀状。同年元日付で発効された“フライング・マーキュリー・シリーズ”がデザインされている。

ギリシャの切手とほぼ同じデザインの切手は、一九一八年に西アフリカのリベリアでも発行されている（図14）。

図14　リベリアで発行されたフライング・マーキュリーの切手。

リベリアは、一八一六年に米国で設立された米国植民協会が、黒人の解放奴隷をアフリカへ帰還させ、黒人のための〝祖国再建運動〟としてリベリア建国運動を開始したことがルーツとなっている。首都のモンロヴィアは米国第五代大統領のジェームズ・モンローにちなむものだ。合衆国憲法を元にしたリベリア憲法を制定して、リベリア共和国として正式に独立したのは一八四七年七月二十六日のことで、一八五〇年一月二十日、英国と郵便条約を調印し、一八五二年には英国経由での外国郵便の取り扱いを開始した。一八五二年には五百ポンドの総予算を投じて、首都モンロヴィアのほか、ブキャナン、グリーンヴィルにも郵便局を開設し、一八六〇年には最初の切手（ロンドンのダンド・トッドハンター・アンド・スミス社が製造）も発行された。

独立当初、リベリアの主要輸出作物はコーヒーと砂糖だったが、これらはいずれもブラジルやキューバとの価格競争で敗れ、一八七〇年代からリベリア経済は深刻な不況が長期間にわたって続いた。こうした状況の下、リベリア政府は、外貨獲得の一手段として、欧米の切手収集家に人気のありそうな題材の切手を発行して輸出していたが、このフライング・マーキュリーの切手もそのひとつであった。

幻の航空切手

〝フライング・マーキュリー〟は、〝フライング〟のイメージから、スピードが要求される業界の広告イメージ（図15）に用いられただけでなく、エアメール用の航空切手のデザインに採用されることも少なくなかった。

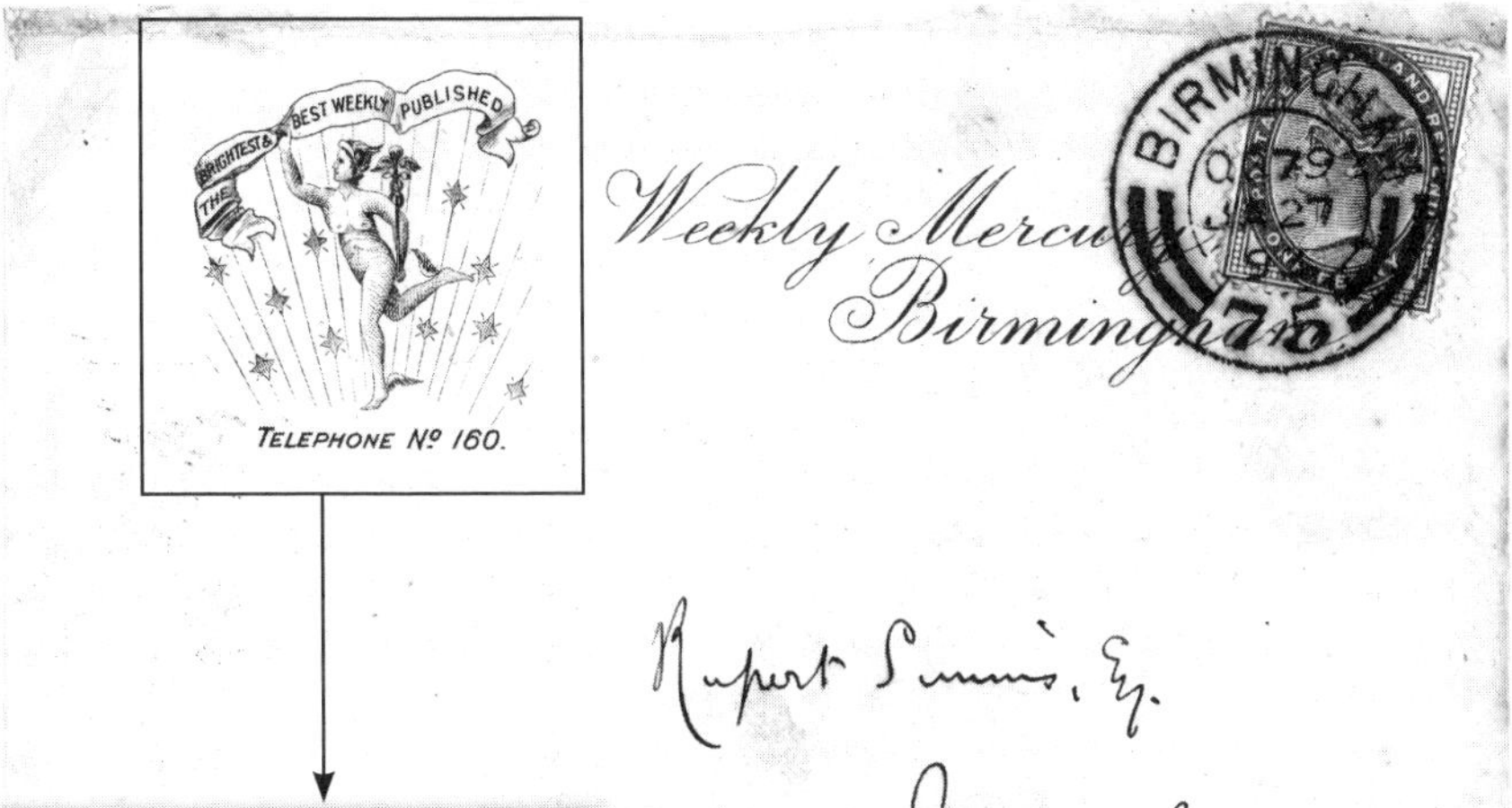

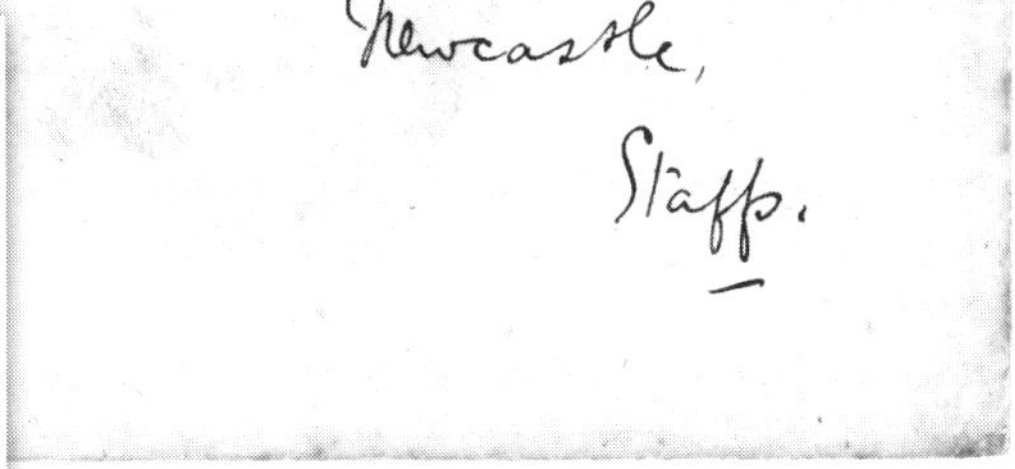

図15　1889～97年にかけてバーミンガムで発行されていた地方紙『バーミンガム・ウィークリー・マーキュリー』がニューキャッスル・スタッフ宛に差し出した郵便物。封筒の左上には、フライング・マーキュリーを描く同社のロゴマークが入っている。

図16　英国で作られた航空切手の“試作品”。シートの余白に、印刷所であるトマス・デ・ラ・ルー社の銘版が入っている。

その前史となったのが、一九二三年に英国で製造された〝エッセー（図16。実際には切手として発行に至らなかった試作品）〟である。

一九〇三年のライト兄弟の初飛行以来、プライベートに飛行機で郵便物を運ぶことは行われていたが、郵政当局の承認を得て、公式のエアメールとして逓送されたのは、一九一一年二月十八日、フランス人パイロットのアンリ・ペケが、約六千通の郵便物を複葉機に載せて、英領インド・アラハバートのポロ競技場からヤムナ川を超えて約一〇キロ先のナイニまで運んだのが最初とされている。

英本国では一九一一年九月十五日、国王ジョージ五世の即位記念のイベントとして、ロンドン郊外のヘンドンからウィンザーまでの郵便物が航空機で運ばれたのが最初である。ちなみに、その後天候不良が続いたため、ウィンザーからヘンドンまでの復路便が飛んだのは、当初予定の十六日よりも大幅に遅れて九月二十六日のことだった。

航空輸送は第一次世界大戦を通じて全世界規模で飛躍的に発達し、第一次世界大戦後の一九一八年には英空軍によりイングランド南東部のフォークストーンから、英仏海峡を越えてドイツのケルンまでエアメールの輸送が行われたほか、ロンドンとパリ講和会議の会場を結ぶエアメールのサービスも提供された。

一九一九年になると長距離飛行も盛んに行われ、六月十四日、ジョン・オールコックとアーサー・ウィッテン・ブラウンによる大西洋無着陸飛行の際には、百九十六通のエアメールと小包一つが運ばれている。十一月十一日にはロンドン・パリ間の一般向けのエアメールが開始されたほか、十一月十二日から十二月十日にかけて、ロスとキースのスミス兄弟は英国からオーストラリア宛の最初のエアメールを運んだ。さらに一九二〇年になると、ロンドンからオランダ、ベルギー、モロッコ宛のエアメールの取り扱いも始まった。

ところで、一九一七年、トリノ－ローマ間の試験飛行に搭載する郵便物に貼るため、イタリアで世界最初の航空切手（図17）が発行されたのを皮切りに、オーストリアでも一九一八年三月には、同様の加刷切手が発行されたほか、同年五月には米国でオリジナルデザインの正刷切手としては、世界最初の航空切手が発行された。ちなみに、わが国でも一九一九年十月三日、帝国飛行協会が東京＝大阪間を三機の飛行機で往復することを計画すると、逓信省はこの試験飛行に協力して〝飛行郵便〟を行うこととして、記念の加刷切手（いわゆる〝飛行試行〟切手）を発行している。

図 17　イタリアで発行された世界最初の航空切手。

このように、世界各国でエアメール用の航空切手が発行されていく中、世界最初の切手発行国でも航空切手を発行すべきではないかとの世論が盛り上がり、一九二一年、英国ジュニア郵趣協会（現英国郵趣協会）は、航空切手のデザイン公募を行った。

応募作品の中から、最優秀賞に選ばれたＪ・シフトンの作品は、〝AIR MAIL〟の表示の下、楕円形の枠の中にフライング・マーキュリーを描き、枠外には英国を構成する四国の花（イングランドのバラ、アイルランドのシャムロック、スコットランドのアザミ、ウェールズの水仙）を配したデザインである。

この作品は、一九二三年五月十四日から二十三日まで王立園芸ホールで開催されたロンドン国際切手展に展示されたほか、当時の英国切手を製造していたデ・ラ・ルー社によって、一ペニーの額面も入った切手と見まごう〝試作品〟も作られて展覧会のプロモーションにも利用された。

試作品の評判は上々で、関係者としては、これが航空切手の発行につながることを大いに期待していたが、残念ながら、郵政当局は首を縦に振らなかった。

カナダとオーストラリアのフライング・マーキュリー

実際に発行された航空切手のうち、フライング・マーキュリーを意識したものとしては、一九三〇年十二月四日、カナダで発行されたのが最初の一枚となる。

カナダの航空郵便は、一九一八年六月、ブライアン・ペックとE・W・メイザーズがモントリオールからトロントへの郵便物を運んだのが最初で、翌七月にはキャサリン・スタントンがカルガリーからエイドリー経由でエドモントンへ郵便物を運んだ。

以後、初期の航空郵便は民間企業による展覧会などイベントのアトラクションや、資金集めのための興行として行われていたが、一九二七年、カナダ郵政は複数の航空会社と航空郵便輸送の契約を締結し、ウェスタン・カナダ航空を利用してウィニペグ・レジーナ・カルガリー・サスカトゥーン・エドモントンを結ぶ不定期の航空郵便を開始した。

一方、一九二八年初の時点で、カナダ国内から米国宛のエアメールは、米加国境までは陸路・水路で運ぶか、あるいは試験的な航空便で運ばれていたが、カナダ国内の航空料金は徴収せず、米国内の航空料金を別途米国切手で納付させていた。

しかし、この方法は不便かつ非合理的であったため、一九二八年七月、米加両国で航空郵便の協定が結ばれ、カナダから米国宛のエアメールは、一オンスまでの基本料金を五セントとし、一オンスを超えると一オンスごとに十セントの追加料金を徴収することになった。

これを受けて、同年九月二十一日、飛行機の下、地球と二人の天使を描くカナダ最初の航空切手（図18）が発行された。

その後、一九三〇年三月三日、カナダ国内の定期航空郵便が開始されたことを受けて、同年十二月四日、地球（西半球）を背景にフライング・マーキュリーを描く航空切手（図19）が発行された。ちなみに、この切手のフライング・マーキュリーは、ジャンボローニャの彫刻とは異なり、右手に手紙を持っているのがミソである。

なお、一九三二年にはカナダでは郵便料金が改正され、航空郵便の基本料金が五セントから六セントに値上げされたため、一九二八年の航空切手の額面を六セントに改定する加刷切手が発行されたほか、フライング・マーキュリーの切手に関しても、六セントの新額面と〝オタワ会議〟の記念文字を加刷した切手（図20）も発行された。

オタワ会議（正式名称は英帝国経済会議）は、一九二九年に発生した世界恐慌に対応すべく、英国のマクドナルド挙国一致内閣が、一九三二年七月二十日から八月二十日まで、オタワで招集した会議で、英本国のほか、カナダ連邦、オーストラリア連邦、ニュージーランド、南アフリカ連邦、アイルランド自由国、ニューファンドランド（一九四九年にカナダ連邦に加入するま

上・図18　カナダ最初の航空切手
中・図19　1930年にカナダで発行されたフライング・マーキュリーの航空切手
下・図20　オタワ会議の記念文字が加刷された航空切手

では独立した自治領）の六自治領（ドミニオン）と、インドおよび南ローデシアの直轄植民地が参加した。

会議では、自治領の本国製品に対する関税の大幅引き下げ、あるいは連邦内の自由貿易を進展させようとする英本国に対して、カナダなど自治領側が強く抵抗。このため、連邦全体の包括的な協定は策定できず、英本国と各自治領の個別の協定は〝オタワ協定〟と総称された。協定の結果、自治領から英本国への輸出が増え、英本国は自治領に対して輸入超過となったが、自治領側の利益は、それ以前の本国に対する債務の返済に充てられてロンドンの金融機関に環流したため、英本国の金融支配は強まった。

結果的にオタワ協定は、関税特恵体制によって結びつけられた英連邦貿易圏＝関税ブロックを成立させ、通貨ブロックであるスターリング・ブロックと相俟って、ブロック経済を構築することになる。

カナダに次いで、一九三四年十二月一日、オーストラリアで地球を背景にしたフライング・マーキュリーの航空切手（図21）が発行された。

オーストラリアにおける航空郵便は、一九一四年七月十六日、フランス人飛行士のモーリス・ジローがメルボルンの農場を出発し、セイモア、ウォンガラッタ、オルベリー、ウォガウォガ、ハーデン、ゴールバーン、リヴァプール（ニューサウスウェールズ州）を経て、シドニーのムーア・パークまで飛行し、千七百八十五通の葉書とフランス領事からニューサウスウェールズ州

図21　オーストラリアが発行したフライング・マーキュリーの航空切手。

知事宛の公用便、それに若干の小包を運んだのが最初で、オーストラリア域外からは、一九一九年十一月十二日から十二月十日にかけて、ロスとキースのスミス兄弟がヴィッカースのヴィミー爆撃機でロンドンからダーウィン宛の最初のエアメールを運んでいる。

オーストラリア域内の定期的な航空郵便は、一九二一年、ウェスタン・オーストラリア航空が大陸北西岸の都市間の逓送を開始し、翌一九二二年、カンタス航空（一九二〇年十一月十六日設立）がクイーンズランド州内の定期航空便を開始し、一九二九年五月二十日にはオーストラリアとしての最初のエアメール用の航空切手も発行された。

一九三四年十二月一日、カンタスはオーストラリアからシンガポールまでのエアメールの取り扱いを開始するが（シンガポールからロンドンまではインペリアル・エアウェイズが取り扱った）、これにあわせて発行されたのがフライング・マーキュリーを描く一シリング六ペンスの航空切手である。

なお、この切手に描かれている地図では、ジャワ島の沖に実在しない島が描かれており、当時の白人のアジア理解のレベルが垣間見えるようで興味深い。

戦争の時代のメルキュール

第二次世界大戦直前の一九三九年、フランスでは郵便料金が改定されることになったが、それに先立ち、一九三八年中に普通切手が一新されることになった。新切手のデザインは、画家のジョルジュ・ウーリーズが制作し、低額面はマーキュリー、中額面はイリス（虹の女神）、高額面はセレス（豊穣の女神）という構成

図22 “RÉPUBLIQUE FRANÇAISE（フランス共和国）”表示のマーキュリー切手。

だったが、シリーズ全体として〝ティプ・メルキュール（＝マーキュリー・タイプ）〟と呼ばれている（図22）。

一九三八年から発行が開始された切手の国名表記は、当初、〝RÉPUBLIQUE FRANÇAISE（フランス共和国）〟だった。

ところが、一九三九年九月一日にナチス・ドイツがポーランドに侵攻すると、同三日、フランスは英国とともにドイツに宣戦布告し、第二次欧州大戦が勃発する。

当初、英仏はドイツを攻撃せず、ドイツ軍もポーランド戦線を動かなかったので、西部国境地帯では〝奇妙な戦争〟と呼ばれた睨み合いの状態が続いていたが、一九四〇年五月十日、ドイツ軍がオランダ、ベルギー、ルクセンブルクのベネルクス三国に侵攻を開始。これを受けて、ベルギー北部で防御戦を展開するため、英仏連合軍の主力はベルギー方面に進出し、独仏国境地帯でもマジノ要塞を挟んでドイツ軍と対峙した。

ベネルクス三国とマジノ要塞の中間に位置していたドイツ軍は、フランス軍の防御が手薄となっていたアルデンヌの森から装甲部隊を進撃させ、五月十五日、スダン（セダン）付近でミューズ川を渡り、五月二十日には英仏海峡に到達して英仏軍を包囲した。

五月二十八日にはベルギーが降伏。ドイツ軍集団は英仏海峡のブーローニュ・カレーなどの港湾都市を制圧し、連合軍は港湾都市ダンケルク周辺で完全に包囲された。

このため、英首相のウィンストン・チャーチルは、英仏軍約三十五万人をダンケルクから救出することを命じ、英国から軍艦以外にもあらゆる船舶を総動員した撤退作戦（ダイナモ作戦）を発動する。撤退作戦により、約三万人の英軍将兵が捕虜となっただけでなく、英軍は重装備の大半の放棄を強いられたが、六月四日までに連合軍将兵三十四万人が英国への脱出に成功。人的資源を保全し、戦意を維持させることができた。

六月五日、ドイツ軍がダンケルクを制圧すると、フランス軍は急速に崩壊し、同十四日、パリが陥落。同十六日にはフランスのポール・レノー内閣は総辞職し、後継のフィリップ・ペタン元帥はドイツへの休戦を申し入れ、同二十二日、コンピエーニュの森において休戦条約が調印された。

図23　ドイツ占領直後の1940年7月16日、ダンケルクから北部ノール県のギヴェルド宛の郵便物。1938年から発行されていたマーキュリーとセレスの切手が貼られ、その上から“Besetztes Gebiet Nordfrankreich”の印が押されている。

フランス軍の大半は武装解除され、アルザス＝ロレーヌ、サヴォワ・ニースはそれぞれドイツ、イタリアに割譲されたほか、パリを含む北部フランスはドイツ軍の占領下におかれ、ペタンを首班とするフランス政府は中部の都市であるヴィシーを首都とし、親独的中立政権の〝フランス国（ヴィシー政権）〟となり、第三共和政は終焉を迎えた。

ヴィシー政権の発足後も、当面は第三共和政時代の〝RÉPUBLIQUE FRANÇAISE〟またはその略号としての〝ＲＦ〟表示の切手がそのまま使われていたが、占領直後の一九四〇年七月一日から八月十日まで、ダンケルクなど北部の占領地域では、第三共和政時代の切手に〝Besetztes Gebiet Nordfrankreich（北部フランス占領地域）〟と加刷して使用することもあった（図23）。

その後、一九四二年になると、切手の国名表示も〝共和国〟を除いた〝POSTES

図24 〝POSTES FRANÇAISES（フランス郵便）〟表示のマーキュリー切手。

FRANÇAISES（フランス郵便）〟へと変更され、マーキュリーの切手にも新表示の切手（図24）が登場する。

一方、一九四〇年六月二十二日にフランスが降伏すると、翌二十三日、ロンドンに亡命したド＝ゴール将軍がドイツに対する交戦を宣言し、〝自由フランス〟を組織し、フランス国民にレジスタンス（抵抗）を呼びかけた。

レジスタンスは仲間内の通信に郵便を使っていたが、ドイツの占領当局と親独派政権はレジスタンス側の秘密通信を偽装して偽情報を流し、レジスタンスの活動家をおびき出して逮捕していた。そこで、レジスタンス側としては、活動連絡の郵便物についてもさまざまな対策を講じたが、その一手段として、レジスタンス間の活動連絡には本物そっくりでありながら、図案のごく一部を〝修正〟した〝偽造切手〟を使うことにし、重要な活動連絡に正規の切手が貼られていた場合、その郵便物は敵が差し出したものであると判断していた。

このアイディアは、第一次世界大戦中、英国がドイツに潜入させたスパイの通信用として彼らに偽造切手を持たせ、郵便に使用させていた先例に倣ったもので、第二次世界大戦中のフランス・レジスタンス用の偽造切手も英国で製造され、武器やその他の支援物資と共にパラシュートでレジスタンスの支配地域に投下され、レジスタンス側が回収していた。

当時のフランスで日常的に使われていたマーキュリーの三十サンチーム切手に関しても偽造切手が作られたが（図25）、偽造切手にはマーキュリーの左目の周囲にキズがある（特に、目の上の額の部分の二本の筋がわかりやすい。図26）ので、識別は容易である。

また、正規の切手は目打（ミシン目）のピッチが一四×一三・五（目打の数値は二〇ミリの間にいくつ目

図 25　英国製の偽造切手のシート。

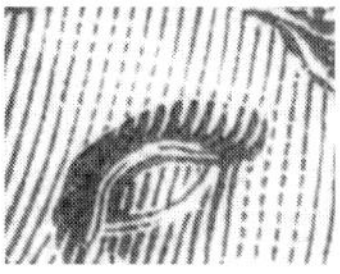

左

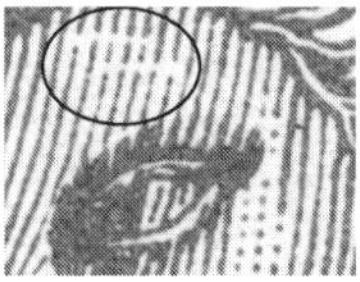

右

図 26　マーキュリーの 30 サンチーム切手の左目周辺の部分拡大。左が正規の切手、右が偽造切手で、目の上に２本の線がはっきりと入っているので正規の切手と容易に識別できる。

打があるかで表示することになっている）なのに対して、偽造切手は一五×一四なので、その点でも区別は可能になっている。

自由フランスは、当初国外からの活動が主であったが、米英との連携によりアフリカ戦線でドイツ軍に勝利を収めるなど徐々に力をつけ、一九四四年六月二日にはド＝ゴールを首班とする共和国臨時政府が発足。六月六日の連合軍によるノルマンディー上陸を経て、八月二十五日、パリを守備していたドイツ軍が降伏し（パリの解放）、ド＝ゴールのフランス共和国臨時政府が帰国し、ヴィシー政府は崩壊した。

図 27　"RF" 加刷のマーキュリー切手。

ヴィシー政府の崩壊を受けて、同政府が発行した〝POSTES FRANÇAISES〟表示の間〇キュリーの切手に〝フランス共和国〟を意味する〝RF〟の文字を暫定的に加刷した切手（図27）が登場。一九四五年二月にマリアンヌを描く新デザインの切手が発行されるまで使われた。

第5章　メドゥーサからアスクレピオスの杖へ

メドゥーサ

ギリシア神話に登場するゴルゴンとメデューサはしばしば混同されるが、一般に、ゴルゴンは海神ポルキュスとその妻ケトの間に生まれた三姉妹のことで、メドゥーサはその三女である。

メドゥーサはその髪の美しさで知られた美少女で（図1）、自らの美貌を女神アテナと比べたこともあった。メドゥーサに魅せられた海神ポセイドンは、女神アテナの神殿の一つで彼女を犯した。アテナは海神ポセイドンの行為を見て見ぬふりをしていたが、その後、メドゥーサを罰し、怪物の姿に変えてしまった。さらに、このことに抗議した長姉のステンノ、次姉のエウリュアレもアテナによって怪物にされている。

ゴルゴン三姉妹は、髪の毛の代わりに生きた蛇が生えており、黄金の翼、青銅の手、イノシシのような牙を持つとされ（図2）、自らの翼で空を飛び、その顔を見た者は恐ろしさのあまり石になってしまう、というのが一般的だが、ゴルゴンの首を海藻に翳すと珊瑚になったという伝承もあるので、こちらから彼女の顔を直視しなくても、彼女に見られただけで石になるとも考えられていたらしい。

ちなみに、空を飛ぶメドゥーサの図像としては、キリスト教世界の魔女伝説と習合して、フクロウの背に乗る姿で描かれる（図3）こともある。

メドゥーサの神話が生まれた古代ギリシアでは、フクロウは女神アテナに捧げられた鳥にして、知恵の象徴とされていた。ローマ神話でも、フクロウは音楽・詩・医学・知恵・商業・製織・工芸・魔術を司る女神、ミネルヴァに仕える知恵の象徴とされていたが、同時

図1　サンクトペテルブルク出身の画家、パヴェル・スヴェドムスキー（1849−1904）が1882年に制作した「メドゥーサ」は、美少女の面影を残すメドゥーサを描いた作品で、現在はモスクワの国立トレチャコフ美術館蔵（1909年の絵葉書）。

図２　ポーランド人画家ヴィルヘルム・コタルビンスキー（1848−1921）の「メドゥーサの悪魔のキス」は、怪物となったメドゥーサに襲われる若者を描いた作品。

図3　1911年に米国のギブソン・アート社が制作したハロウィン絵葉書のメドゥーサ。自ら空を飛ぶのではなく、満月の夜、蛇を手にフクロウに乗って移動する姿で描かれている。

に、フクロウを意味する〝ストリクス（Strix 複数形はStriges）〟には〝魔女〟の意味もあった。

これに対して、キリスト教世界の民間伝承では、フクロウは〝不服従の三姉妹〟の一人（この設定も、ゴルゴン三姉妹の一人、メドゥーサを連想させる）が、神を拒んだために、決して太陽を見ることのない鳥に姿を変えられたとされた。特に中世ヨーロッパでは、フクロウは〝夜の魔女〟と呼ばれ、魔女は夜になるとフクロウの姿に変身し、満月の晩には〝サバト（魔女あるいは悪魔崇拝者の集会）〟へと飛んで行くと考えられていた。

ところで、アイルランドの古代ケルト人たちの間では、毎年十月三十一日を収穫期の終わりとし、翌日十一月一日を新年の始まりとして、焚火と饗宴などで祝う〝サウィン（サヴァンとも）〟の儀式が行われていたが、彼らは、サウィンの日とその前日には現世と来世を分ける境界が弱まるため、死者の魂が墓からよみがえり、生前の住まいに戻ると信じていた。

このため、サウィンの前夜は〝ハロウ・イヴ〟という名で精霊たちを祭る夜とされており、この日に戻ってくる死者の魂は、幽霊や妖精、ゴブリン、悪魔などの姿をしているため、彼らが家に戻ってきた時に機嫌を損ねないよう、人々は食べ物や飲み物を出し、彼らが帰る時に冥界に連れて行かれぬよう、彼らの仲間を装って不気味な仮装をして身を隠していた。

この風習がキリスト教世界に取り込まれ、十一月一日が〝諸聖人の日（万聖節）〟になると、その前夜祭としてハロウ・イヴから変化したのが現在のハロウィンである。そして、フクロウも魔女と結びつけられてハロウィンに欠かせない要素の一つになり、〝魔女〟の一形態としてのメドゥーサがその背に乗るという図像も作られるようになったと考えられる。

さて、ギリシア神話では、怪物になったメデューサは〝ヘスペリデスの園〟の近く、世界の西の果ての島に住んでいたが、最終的に、ゼウスとダナエ（アルゴス王アクリシオスの娘）の子、ペルセウスに退治される。

アルゴス王アクリシオスには娘ダナエがいたが、後継となる男児がいなかったため、神託を求めた。ところが神託は「息子は生まれず、アクリシオスは自らの孫によって殺される」という内容だったため、アクリシオスはダナエを青銅の部屋に幽閉した。

ところが、彼女を見初めたゼウスが黄金の雨に身を変えて牢獄の格子を潜り、彼女の許に忍び込んで情を通じ、数ヵ月後、ダナエはペルセウスを産んだ。これを知ったアクリシオスは二人を青銅の箱に閉じこめて川に流し、母子はセリポス島に流れ着いた。

母子は漁師のディクテュスに助けられ、島の王、ポリュデクテスに託された。

当初ポリュデクテスは、ペルセウスを我が子のように育てていたが、やがてダナエに恋慕してペルセウスを疎ましく思うようになり、彼を亡き者にしようとゴルゴン三姉妹の一人、メドゥーサの首を取ってくるように命じた。

そこでペルセウスは、ヘルメスから翼の生えたサンダルを、冥界の王ハデスから体を見えなくすることのできる兜を、アテナから青銅の盾を授かり、永遠の老婆であるグライアイの元に行った。グライアイは三人でたった一つの眼と一本の歯しかなかったので、ペルセウスはその眼と歯を奪って脅すことで情報を聞き出すことに成功した。

こうして準備を整えたペルセウスは、世界の西の果てでゴルゴン三姉妹を発見し、アテナに手を引かれ、メドゥーサの顔を見ないようにして、盾に映し出されたメドゥーサの姿を見ながら、剣で首を刎ねてメドゥーサを退治し、その首をニンフからもらった袋のキビシスに入れて持ち帰った。

チェリーニのペルセウス像

メドゥーサの首を掲げるペルセウスのイメージとしては、イタリア―ルネサンス末期の彫刻家・金工家で、メディチ家のコシモ一世の保護を受けて活躍したベンヴェヌート・チェリーニ（一五〇〇―七一）のペルセウス像が有名だ。

この像が制作された経緯については、チェリーニの自伝を基に構成されたベルリオーズのオペラ『ベンヴェヌート・チェリーニ』でも再現されている。

チェリーニは法王財務官の娘テレサに想いをよせ、彼女もチェリーニのことを憎からず思っていたが、老彫刻家のフィエラモスカも彼女に恋心を抱いていた。

そうした中、謝肉祭の雑踏に紛れてチェリーニはテレサを誘拐する。当然のことながら、父親である法王財務官は激怒したが、枢機卿の仲裁により、チェリーニが制作中だったペルセウス像を、その晩のうちに完成させれば結婚を許すが、失敗すれば絞首刑という判決が下る。

そこでチェリーニは、職人達を総動員して像の制作に没頭する。その姿を目の当たりにしたフィエラモスカも、テレサへの恋愛感情を超えて、芸術家としての意気に感じてチェリーニに協力。こうして、その晩のうちにペルセウス像は完成し、チェリーニはテレサと結婚を許された。

チェリーニのペルセウス像は、一九五〇年五月二十二日から六月十七日までフィレンツェで開催された第五回ユネスコ総会に際して、開催国のイタリアが発行した総会の記念切手（図4）に取り上げられているが、像の全体を描いているため、メドゥーサの首そのものは小さくて少し見づらい。首の部分がよくわかるものとしては、ペルセウスの胸から上を取り上げた〝ベンヴェヌート・チェリーニ生誕五〇〇年〟の記念切手（図

図5　2000年11月3日にイタリアが発行した"ベンヴェヌート・チェリーニ生誕500年"の記念切手。

図4　1950年の第5回ユネスコ総会に際してイタリアが発行した記念切手は、チェリーニの「ペルセウス像」を取り上げた最初の切手となった。

5）の方が良いかもしれない。
また一九五〇年の切手には、当時の〝トリエステ自由地域〟で使用するために発行された〝AMG‐FTT〟加刷の切手（図6）もある。

アドリア海に面した港湾都市のトリエステは、近隣のヴェネツィアと長らく抗争を続けていたが、一三八二年、ヴェネツィアに対抗すべくハプスブルク家の支配下に入った。

一八六六年、イタリア統一戦争の過程でイタリア王国はヴェネツィアを併合したが、隣接する南チロルとトリエステは、住民の四分の三がイタリア系であったにもかかわらずイタリアには併合されず、一八七一年のイタリア統一後もハプスブルク領として残ったため、イタリアでは両地域は〝未回収のイタリア〟と称した。

第一次世界大戦末期の一九一九年十一月、イタリア軍はトリエステを占領する。その直後、オーストリア＝ハンガリー帝国が崩壊すると、戦勝国となったイタリアは、パリ講和会議でトリエステと南チロル、さらにフイウメ・ダルマチアなど、アドリア海東岸に対しても領有権を主張したが、一九一九年九月のサンジェルマン条約（オーストリア・ハンガリーとの講和条約）では、トリエステと南チロルの領有は認められたものの、フィウメなどの領有は認められなかった。また、第一次世界大戦後に建国されたセルブ＝クロアート＝スロヴェーン王国（後にユーゴスラヴィア王国）もトリエステその他の領有権を主張し、トリエステとその周辺をめぐる紛争は収まらなかった。

第二次世界大戦中、イタリアはドイツと共にユーゴスラヴィア王国を占領したが、一九四三年にバドリオ政権が連合軍に降伏したため、イタリアに侵攻したドイツ軍はトリエステも占領する。これに対して、ティトー率いるユーゴ共産党のパルチザンは東方から進撃

図6　第5回ユネスコ総会の記念切手の“AMG－FTT”加刷切手。

し、一九四五年五月一日、トリエステに殺到。一方、英陸軍第八軍第二師団（ニュージーランド軍）も翌二日にはトリエステに到着し、トリエステ駐留のドイツ陸軍は英陸軍に降伏した。

　その後、六月十二日、ユーゴ軍はトリエステ市内から撤退し、北部地域は英軍、南部地域はユーゴ軍が占領する暫定的協定が結ばれ、占領下のトリエステでは、イタリア切手に〝AMG-VG（連合軍政府：Allied Military Government—ヴェネツィア・ジュリア：Venezia Giulia）〟と加刷した切手が使用されることになった。

　一九四六—四七年に開催されたパリ講和会議の結果、トリエステとその周辺は国際連合の監視下の自由地域としたうえで、北のA、南のB両地区に分割され、トリエステ市を含むA地区は英米が、B地区はユーゴスラヴィア連邦が管理することになった。

　これに伴い、A地区では、イタリア切手に〝連合軍政府 トリエステ自由地域〟を意味する〝AMG-FTT〟と加刷した切手が使用された。図6の切手はこうした背景の下で発行されたものである。

　その後、イタリア・ユーゴスラヴィア間の国境については、一九五四年に協定が成立し、A地区はほぼ全域がイタリアに返還され、B地区はユーゴ領となり、旧A地区ではイタリア本国の切手が使用されることになって加刷切手の使用も停止された。

メドゥーサの首

　さて、ペルセウスに切り落とされたメドゥーサの首は、その後、女神アテナに献じられ、彼女はそれを自らが手にする山羊皮の楯アイギスにはめ込んだ（図7）。

　この故事にちなんで、〝メゥーサの首〟というモチーフは、自分を襲ってくる敵を石に変えてしまう霊力のある魔除けとして、武具や門扉などの装飾に用いられ

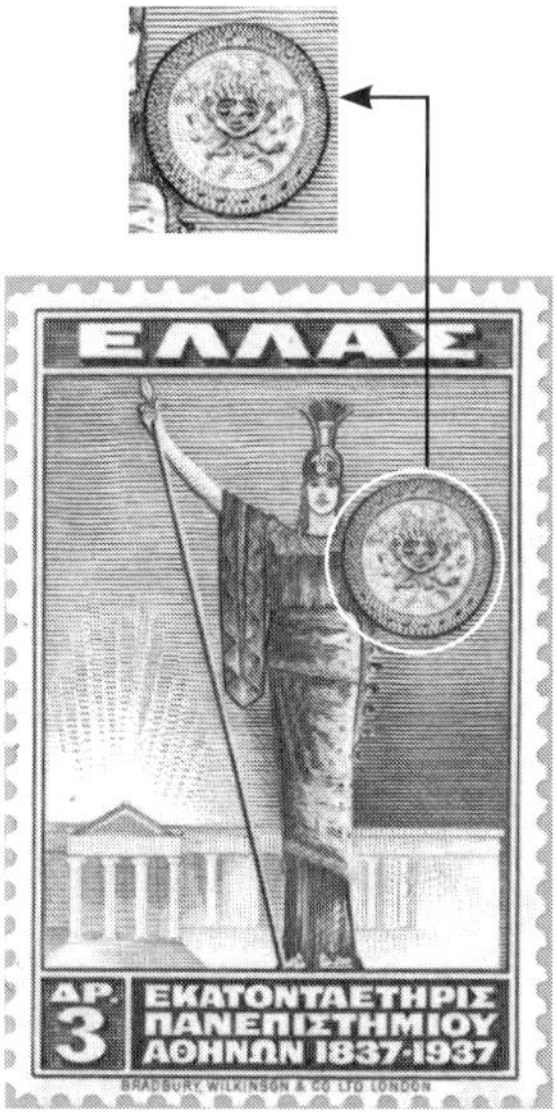

図7　メドゥーサの首をはめこんだ盾を持つ女神アテナ（1937年5月31日にギリシアで発行されたアテネ大学100周年の記念切手）。

るようになった。

紀元前三三三年の〝イッソスの戦い〟でペルシア軍と戦うアレクサンドロス三世（アレクサンダー大王）を描いたポンペイのモザイクには、メドゥーサの首の装飾のある鎧をまとった大王が描かれている（図8）。

紀元前三三三年十一月、アレクサンドロス率いるマケドニアの東方遠征軍は、現在のトルコ・シリア国境に近いイッソスで、ダレイオス三世率いるペルシア軍と初めて直接対決し、激戦の末に勝利した。ダレイオス三世は逃亡し、捕らえることはできなかったが、同行していた彼の母、妻、三人の子どもを捕虜とし、莫大な戦利品を獲得。この戦利品により、マケドニアは財政難を脱することができた。

その後マケドニア軍は、ペルシア本土を直接叩く前にその背後を平定しておくため、南下して地中海東岸のフェニキア人の諸都市を制圧してからエジプトに配し、さらにメソポタミアに進攻。前三三一年のガウガメラの戦いでペルシア軍に対する勝利を収めてバビロンに入城する。

イッソスの戦いについては、紀元前四世紀末に画家ピロクセノスが描いており、ポンペイのモザイク画は紀元前二世紀にそれを模写して作られたもので、一八三一年に出土した。現在はナポリ考古博物館が所蔵している。ポンペイ遺跡で見つかったモザイク画の最高傑作の一つとされ、横約五・八メートル、縦約三・一メートルの巨大な作品だが、切手には、アレクサンドロスの部分のみが取り上げられている。

建築の装飾としては、メドゥーサの首は、仮面（図9）やモザイク（図10）などさまざまな様式で作られているが、イングランド西部の都市、バースにある古代ローマの公衆浴場・神殿跡（ローマン・バス）は、ゴルゴンの頭を象ったとされる装飾（図11）が一五メートルの高さから周囲を睥睨していることで知られている。

バース近傍、メンディップ・ヒルズに降った雨水は石灰岩の帯水層を通じて二七〇〇―四三〇〇メートルの深さまで浸透し、地熱エネルギーで六九度から九六度まで温められ、石灰岩の亀裂や断層に沿って地表まで上昇し、四六度の温水となって湧き出てくる。

伝説によれば、温泉の歴史は紀元前八三六年、ブリ

図10　ルクセンブルク中東部、ディーキルヒのローマ時代のモザイクに描かれたメドゥーサの首。

図８　メドゥーサの首の装飾がある鎧をまとったアレクサンダー大王のモザイク。

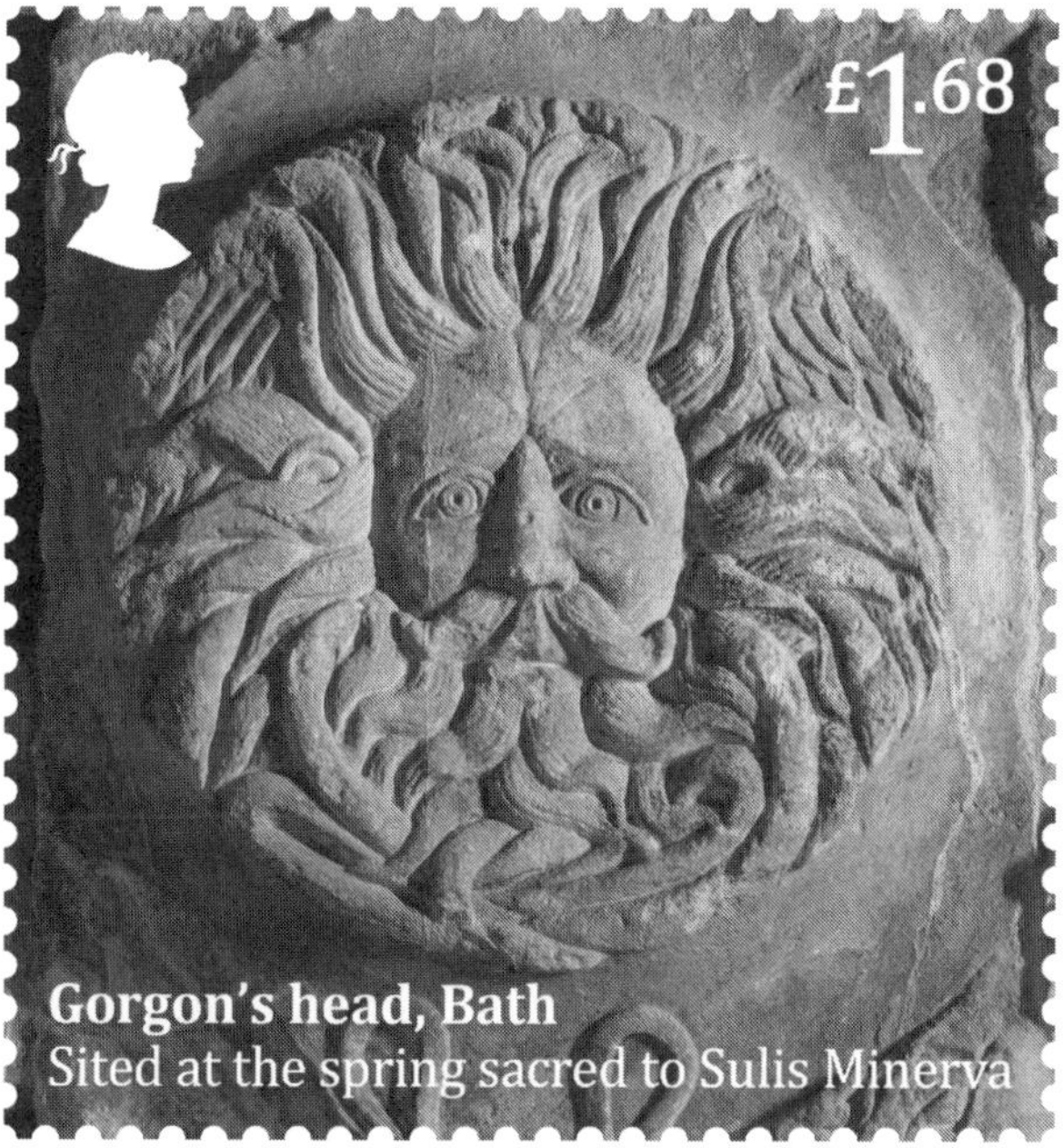

図11　バースの浴場跡のゴルゴンの装飾を取り上げた英国の切手。

図９　魔除けとしてのメドゥーサの首の仮面（門扉などに掛けて使用したものと思われる）を取り上げたアルジェリアの切手。

タニア王、ブラドッドの時代にさかのぼるとされる。

初代ブリタニア王ブルートゥスから数えて十代目の王で、ルッドフッド・フディブラス王の子だったブラドッドは、アテネにいた時ハンセン病にかかったため、帰国を余儀なくされ、帰国後は幽閉された。しかし、ブラドッドは脱走し、現在のバースの北郊、スウェインズウィックに逃れ、豚飼いに身をやつした。

ある時ブラドッドは、ハンノキの荒れ地に入り、真っ黒な泥にまみれて戻って来た豚の身体が温かく、気持ちよさそうにしているのを目にした。また、豚たちが皮膚病にかかっていなかったことから、自ら泥風呂の中に入ってみたところ、ハンセン病も完治した。

その後、ブラドッドは無事に王位を継承し、自らの体験から湯治場を作ることを思い立ち、カール・バルドゥム（現バース）の町を建設した。彼は、この町の永遠に消えることのない炎を祝して、女神アテナあるいはスリス（ケルト人の間でミネルヴァと同一視されている女神）に捧げた。女神の炎はやがて収まり、石の球に変わり、その場所に新しい温泉が生まれたという。

その後、カール・バルドゥムの町はローマ人に征服され、〝アクア・スリス〟と改称され、紀元前七〇―六〇年に最初の神殿が建てられた。

神殿は周囲の中庭より二メートル以上高い基壇の上に建っており、上部に四つの大きな溝の彫られたコリント式のフリーズと装飾の施されたペディメントがある。ペディメントは建物正面の柱の上部にある装飾の三角の部分で七・九メートル、頂点から下端までは二・四メートルある。

浴場は泥の中にオークの杭を打ち、温泉は不規則に鉛を打った石で囲われており、二世紀にはバレル・ヴォールト（アーチを平行に押し出した形状〔かまぼこ型〕を特徴とする天井様式および建築構造）に囲われ、内部にはカルダリウム（暖かい風呂）フリギダリウム（冷たい風呂）、テピダリウム（熱い風呂）があった。また、浴場は入浴や医療のためだけでなく、社交の場としても使われていた。

五世紀初頭、ローマ人がこの地から撤退すると浴場は荒廃し、『アングロサクソン年代記』によれば、六世紀には洪水により浴場は泥に埋もれてしまったが、十八世紀に金箔を施したミネルヴァの頭が掘り出されたことでその存在が再び知られるようになり、一八七八年以降の発掘作業で浴場の全体が明らかになった。

神殿のペディメントの装飾は、一般に〝ゴルゴン〟と称されているが、ひげに蛇を絡ませ、耳の上に翼を持ち、眉と濃い口ひげを突き出しており、男性の怪物として表現されている。そのため、頭部像はギリシア神話の海神、オケアノスのイメージの水の神や、ケルトの太陽神を表現したものとする説もあるが、頭に生きた蛇を生やした姿で見る者を石化させ、外敵から神殿を守ろうという意味付けとしては、メデューサの装飾とその本質は同じとみて良いだろう。

シチリアのトリナクリア

魔除けとしてのメドゥーサの首は、トリスケル（三脚巴。トリスケリオンとも）と組み合わせた〝トリナクリア〟の紋章として古くからシチリアのシンボルになってきた（図12）。

トリスケルは、三回対称の回転対称図形で、三つの渦巻きもしくは膝を直角に曲げた三本の脚を、それぞれ一二〇度の角度で風車状に組み合わせたものだ。

もともと、シチリア島は、メッシーナ（島の北東端）、パキーノ（南端）、マルサラ（北西端）を頂点とする三角形になっていることから、ギリシア語で〝三つの岬〟を意味する〝トリナクリア〟と呼ばれており（三つの

図12　トリナクリアをあしらったシチリアの旗。

岬については、パレルモ、メッシーナ、シラクサとされることもある）、ここから、トリスケルを背景に、三本の脚が結合する部分にメデューサの首がついた紋章が採用されたと考えられている。なお、シチリアの地名は、この地に住んでいた〝シケロイ人〟に由来する。

　メデューサの首のないトリスケルは、シチリアだけでなく、フランスのブルターニュや英国のマン島でも紋章として用いられており、古くは、ミケーネ文明の容器、リュキア（現在のトルコ南部沿岸地域）の鋳造硬貨、パンフィリア（小アジア南部）のスタテル銀貨などにもみられる。シチリアでは、シュラクサイ（現シラクサ。シチリア島南東部の都市）の僭主、アガトクレス（在位紀元前三一七―二八九年）の鋳造した硬貨に、メデューサとトリスケルを組み合わせたトリナクリアの紋章が刻された事例が確認されている。

　その後シチリアは、ローマ、ヴァンダル、東ゴート、ビザンツ、アラブなどの支配を経て、十一世紀半ば、イタリア半島南部（現在のカンパニア州、カラブリア州、プッリャ州、アブルッツォ州、モリーゼ州、バジリカータ州とラツィオ州の一部）とシチリア島を征服したノルマン人が、教皇アナクレトゥス二世から王位を得て、一一三〇年、シチリア王国（オートヴィル朝）を創建した。

　オートヴィル朝は一一九四年に滅亡し、シチリア王国は神聖ローマ帝国のホーエンシュタウフェン家の支配下に置かれ（ホーエンシュタウフェン朝）、シチリアの紋章も鷲のデザインに変更された。以後、約六五〇年に渡り、メドゥーサの首があるトリナクリアの紋章は使われなくなる。

　一二八一―一三〇二年のシチリア晩祷戦争《ばんとうせんそう》の結果、シチリア王国の版図はバルセロナ家の支配するシチリア島のトリナクリア王国と、アンジュー家の支配する半島部のナポリ王国に分離した。両王国は、いずれも、〝シチリア王国〟を自称していたが、次第にシチリア王国と言えばシチリア島側のみを指すようになり、イタリア半島側は〝ナポリ王国〟の名が定着した。

　一七〇二年、スペイン・ハプスブルク家の断絶に伴い、欧州全体を巻き込むスペイン継承戦争が勃発。一七一三年のユトレヒト条約で、ナポリ王国の版図はハプスブルク家の、シチリア島はサヴォイア家の支配下に置かれたが、一七二〇年、両者はシチリア島とサルディーニャ島を交換し、ナポリとシチリアはハプスブルク家の支配下に入る。

さらに、一七三三年にポーランド継承戦争が勃発すると、一七三四年、スペイン・ブルボン家のパルマ公カルロスはハプスブルク家の支配下にあったナポリ王国とシチリア王国を占領。以後、両王国はスペイン・ブルボン家（ボルボン家）の分家によって統治されることになった。

ナポレオン戦争の時代、ナポリ王国はフランスに占領され、ナポリ王（にしてシチリア王）のフェルディナンドはシチリア島に退避したが、ナポレオンの失脚後、一八一五年六月にナポリに帰還する。

翌一八一六年十二月、フェルディナンドはナポリとシチリアを両シチリア王国の名の下に合併した。これに伴い、フェルディナンドは、〝ナポリ王フェルディナンド四世〟と〝シチリア王フェルディナンド三世〟のふたつの称号をまとめて〝両シチリア王フェルディナンド一世〟と称することになった。

その後、両シチリア王国の王位は、フェルディナンド一世の子であるフランチェスコ一世（在位一八二五—三〇）、その子のフェルディナンド二世（在位一八三〇—五九）へと受け継がれた。

フェルディナンド二世は、青年期には自由主義にも一定の理解を示し、税制改革で減税路線を採用し、王都ナポリでの実験的な鉄道設置、ナポリ・パレルモ間の電信設備の完備、蒸気船の造船などの近代化政策を推進するなど開明的な君主であった。

ところが、一八三七年にシチリアで立憲君主制への移行を求める大規模なデモが発生すると、これを武力で鎮圧。その後も、憲法の制定と立憲君主制への移行を求める自由主義者と対立し、国王親政を主張し続けた。

こうした状況の下、一八四七年九月、カラブリアとメッシーナで反国王の大暴動が発生。さらに、一八四八年一月十二日、シチリア全土で農民反乱が発生し、騒乱はイタリア本土にも波及したため、国王は一八四八年憲法の制定を認め、両シチリア王国では立憲君主制が実施されることになった。ところが、国王は議会に対する監督権を手放さなかったため、再び暴動が発生し、四月十三日、シチリアの自由主義者は、ボルボン家支配からの独立と自由政府の樹立を宣言した。

シチリア自由政府は、ボルボン家の象徴である鷲の紋章を廃し、古代シチリア以来のトリナクリアの紋章を自分たちのシンボルとして掲げた。

図13は、一八四九年三月二十一日、シチリア自由政府の地方長官がメッシーナ県カストロレアーレから差し出した郵便物で、自由政府のシンボルであるトリナクリアの紋章を描き、周囲に〝GENle COMMrio del POTERE ESECUTIVO DELLA VALLE DI MESSINA（メッシーナ地区行政府長官）〟の文言が入った印が押されている。

一方、フェルディナンド二世は、シチリア自由政府に対しては二万の兵を動員して徹底弾圧する姿勢で臨み、一八四九年三月十三日には国民議会を解散。シチリア沿岸部は軍艦からの砲撃により焦土と化し、一八四九年五月十五日までに、シチリア島の自由主義革命は鎮圧されてしまった。

自由政府を崩壊させた後もフェルディナンド二世は自由主義者を容赦なく弾圧し、三年間に数千人の政治

図13　1849年3月21日、シチリア自由政府支配下のメッシーナで、トリナクリアの紋章入りの公印が押された郵便物。

犯が投獄され、両シチリア王国からは多くの亡命者が各国へ逃れた。このため、一八五〇年代になると、欧州各国では、立憲君主制や共和制が定着しつつあったこともあり、両シチリア王国に対しては〝後進的な絶対君主の国〟というイメージが定着し、従来は同国を支援していた英国もフェルディナンド二世を見放した。

こうした中で、一八五六年、反王党派の兵士によるフェルディナンド二世暗殺未遂事件が発生し、深手を負った国王は感染症も患って長い闘病生活に入った。

ところで、両シチリア王国として統合されていたナポリとシチリアだったが、切手に関しては、一八六一年の統一イタリア王国の建国宣言を経て、一八六二年にイタリア切手が登場するまで、それぞれ別のものが使用されていた。

このうち、一八五八年一月一日に発行されたナポリ最初の切手は、シチリアの象徴としてのトリナクリアの紋章、ナポリの象徴としての黄金の馬、ボルボン家の紋章である白百合を組み合わせたデザインとなっている（図14）。トリナクリアは、フェルディナンド二世が力ずくで粉砕したシチリア自由政府の象徴ともいう

図14　1858年に発行されたナポリ最初の切手。ナポリと共に両シチリア王国を構成しているシチリアの象徴としてトリナクリアも描かれている。

図15　シチリア最初の切手〝ボンバ・ヘッド〟

べきもので、フェルディナンド二世が政治に強い影響力を行使していた時代なら不可能だったはずだ。しかし、切手の制作が進められていた一八五七年の時点では、闘病中の国王の政治に対する影響力も大きく減じられていたため、こうしたシチリアに宥和的な図案の切手を発行することも可能になったのであろう。

一方、シチリアの最初の切手（図15）は翌一八五九年に発行されたが、こちらには、フェルディナンド二世の肖像が取り上げられているため、切手蒐集家の間では、国王のニックネーム〝砲撃王（= bomba シチリアでの自由主義者弾圧に際して、軍艦から容赦なく砲撃を行ったことに由来する）〟にちなんで、〝ボンバ・ヘッド〟と呼ばれている。

アスクレピオスとへびつかい座

さて、メドゥーサの首を切り落とした後、ペルセウスは金糸で織られたキビシスの袋に首を入れ、翼のあるサンダルでその場を飛び去り、女神アテナのもとへ戻っていた。

その途中、ペルセウスはリビュア（アフリカ大陸）の上空を飛んだが、その際、メドゥーサの首から血が大地に滴り落ち、その場所からさまざまな種類の蛇が生まれた。以来、リビュアは多くの蛇が棲息する土地となったという。

帰還したペルセウスは、メドゥーサの首から滴り落ちた血を二つの瓶に集めてアテナに献上した。右側の血管から流れて右の瓶に入った血には死者を蘇生させる効果が、左側の血管から流れて左の瓶に入った血には人を殺す力があったとされる。

ところで、オリンポス十二神の一柱でゼウスの息子アポロンは、ラピテス族の王プレギュアスの娘、コロニスが湖で沐浴する姿を見て恋に落ちた。やがてコロニスは身ごもったが、アポロンはデルポイに戻らなければならなくなり、コロニスのそばに白い鳥を留まらせ、彼女を護衛させた。しかし、身重のコロニスはアルカディアから来た青年、イスキュスに心を奪われ、白い鳥はそのことをアポロンに報告した。

コロニスの不貞を疑ったアポロンは、怒りに任せて彼女を射殺したが、彼女の胎内にいた子、アスクレピ

図 16　西暦２－３世紀頃に作られたアスクレピオス像を取り上げたチュニジア切手。チュニジアの首都、テュニスのバルドー美術館蔵。

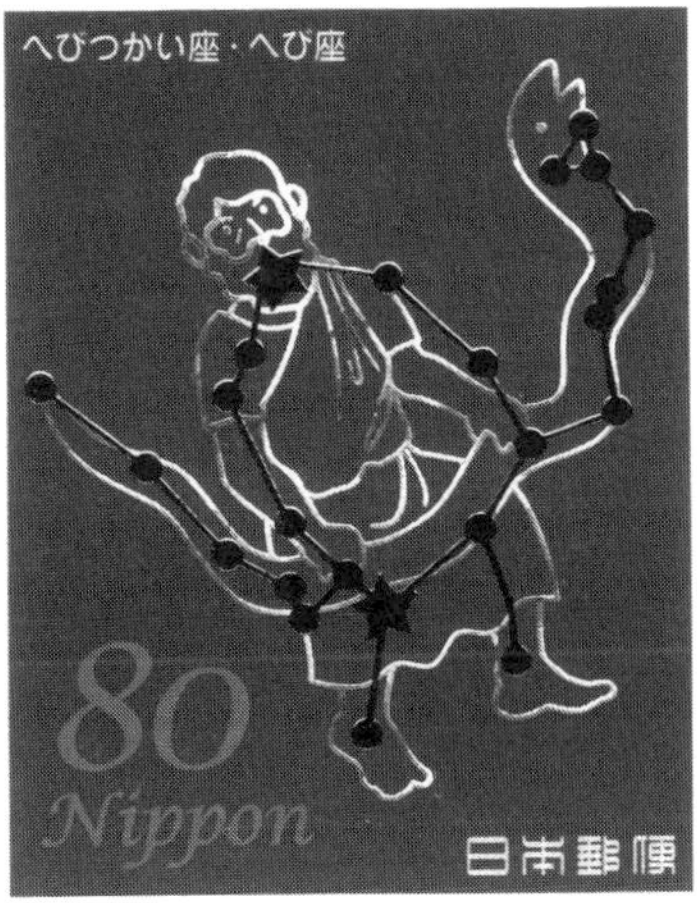

図 17　へび座とへびつかい座を描いた切手。

オス（図16）を救い出し、ケンタウロスの賢者ケイロンに託した。

ケイロンのもとで育ったアスクレピオスは医学に才能を示し、その名声はとどろいた。

アテナは彼にメドゥーサの右側の血管から流れた蘇生作用のある血液を与えたため、アスクレピオスは死者を生き返らせることができるようになり、カパネウス、リュクルゴス、アテナイ王テセウスの息子ヒッポリュトス、テュンダレオス、ヒュメナイオス、ミノスの子グラウコスらを蘇らせたが、冥界の王ハデスは、自らの領域から死者が取り戻されていくのを〝世界の秩序（生老病死）を乱すもの〟としてゼウスに強く抗議し、ゼウスは雷霆でアスクレピオスを撃ち殺した。

ただし、アスクレピオスの医学における貢献は大であるとして、彼は天に上げられ、〝へびつかい座（図17）〟となった。

ところで、伝統的な西洋占星術では、黄道上にある十二星（黄道十二星座）にちなんで黄道帯を十二等分し、それぞれの黄道帯に太陽が位置する期間に生まれた人の性格や運命を論じるものだ。

一方、天文学の分野で使われる星座は、歴史的にさまざまな変遷があるが、一九二八年の国際天文学連合（IAU）の会議によって現在の八十八星座が定義され、また赤経・赤緯によって区切られたその領域が定められた。その際、天文学では、従来の十二星座に加え、黄道上に十三番目の星座としてへびつかい座が加えられた。

このように、占星術の星座と天文学の星座は全く異なる性質のものであったが、一九九五年、天文学者のジャクリーン・ミットンが「占星術での〝星座（サイン）〟の概念は天文学的にはおかしい。占星術を正しく行おうとするのなら歳差によるズレを修正して、さらに現在の天文学の星座区分で十二星座以外に黄道上にある〝へびつかい座〟も入れるべきだ」として占星術を批判。これを受けて、占星学者のウォルター・バーグは、同年、ミットンの批判に対して、「占星術上の伝統的な〝サイン〟と、天文学者たちが実際に観測して利用している天球上の星座と太陽とが重なる位置は、約二〇〇〇年前は一致していたが、現在の黄道には十三の星座がある。太陽の軌道は以前から〝へびつかい座〟を通過していたのに、伝統的な占星術の研究者からはなぜか無視されていた。この十三番目の星座は伝統的な占星術の枠組みを大きく変えるだろうと、占星術界に大きな波紋を投げかけている」として、へびつかい座を含む十三星座占いに関する本を出版した。ちなみに、十三星座占いによると、十一月三十日から十二月十七日までの間に生まれた人がへびつかい座とされる。

これが日本にも紹介され、一九九〇年代後半には、わが国でも〝十三星座占い〟がブームになったこともあったが、伝統的な十二星座占いに代わって定着したとはいいがたいのが実情である。

アスクレピオスの杖

生前のアスクレピオスは、大地の治癒力を伝えるものとして、一匹の蛇が絡まる杖を持っていたが、その由来については次のような伝承がある。

グラウコスを治療することになったアスクレピオスが杖を手にして考えあぐねていたところ、不意に一匹の蛇が杖に向かって這い寄ってきた。驚いたアスクレピオスは蛇を打ち殺したが、その蛇が動かなくなると、別の蛇が現れて死んだ蛇の上に一片の草を乗せた。次の瞬間、二匹の蛇は消え失せてしまい、アスクレピオスは残された草を用いてグラウコスを甦らせた。

以後、アスクレピオスは蛇が巻き付いた杖を持つようになったが、彼の死後、彼を慕う人々は各地に神殿を造って祀り、救いを求めて巡礼する病人や身体障害者が次々と訪れるようになった。旅人が神殿で祈り、用意された居間で眠りにつくと、夢の中にアスクレピオスの神聖な召使である聖蛇を連れた神官が病人の間を廻って歩き、病の治療法を告げて、蛇に治療させたという話が広まった。

もともと古代ギリシアでは、蛇は冥界の象徴であるとともに、脱皮を繰り返すことから再生の象徴ともされていたが、そこにアスクレピオスのエピソードが加わり、蛇の巻き付いた杖は〝アスクレピオスの杖〟の名で、医療・医術のシンボルとして西欧社会全体に広く普及・定着した。

一八四〇年に世界最初の郵便切手を発行した英国では、切手と併せて、マルレディ・カバーと称する封筒／レターシート（一枚の紙を折りたたみ、封をして差し出すもの）を発行した。マルレディとは、封筒のデザインを担当したウィリアム・マルレディ（一七八六―一八六三）のことで、カバーは封筒の意味。この封筒は、あらかじめ一ペニーの郵便料金込みで販売され、切手を貼らなくても、切手を貼った封筒と同様に料金納付済の扱いで差し出せるようになっていた。

レターシート形式のマルレディ・カバーの場合、内側に企業や団体が広告などを印刷して発送するケースがあり、そのうちのクレリカル・メディカル・ゼネラル生命保険会社（一八二四年に内科医のジョージ・ピンカードらが創設）が制作した理事会報告（図18）には、アスクレピオスの杖を含む同社のシンボルマークが描かれていることで収集家の間では人気がある。

ちなみに、社名の〝クレリカル〟は〝聖職者の〟の意味で、〝メディカル（医学・医療の）〟との組み合わせを表現するため、同社のロゴは、ミトラ（カトリックの司教や聖公会・正教会の主教が典礼の際にかぶる冠）の下に三脚の聖杯を置き、そこに、牧杖（カトリックの司教や聖公会の主教が典礼の際に手に持つ杖）とアス

DIRECTORS.

JAMES KIBBLEWHITE, Esq. Chairman.

GEORGE G. BABINGTON, Esq.
Sir WM. BEATTY, M.D. F.R.S.
Rev. G. BERESFORD, M.A.
GEORGE BIRKBECK, M.D.
Rev. THOS. R. BROMFIELD, M.A.
Rev. THOMAS DALE, M.A.
THOMAS DAVIS, Esq.
Sir CHARLES DES VŒUX, Bart.

JOHN DIXON, Esq.
JOSEPH HENRY GREEN, Esq.
OLIVER HARGREAVE, Esq.
CLEMENT HUE, M.D.
SAMUEL MERRIMAN, M.D.
ANDREW A. MIÈVILLE, Esq.
JOSEPH MOORE, M.D.
RICHARD PINCKARD, M.D.

REPORT

OF THE DIRECTORS

OF THE

Clerical, Medical, and General
LIFE ASSURANCE SOCIETY,

PRESENTED TO THE **ANNUAL** GENERAL MEETING OF PROPRIETORS,

Held MARCH 5th, 1840.

On again meeting the Proprietors, the Directors feel that to evince the progressive prosperity of the Society during the year ending June 30, 1839, it would be sufficient to refer to the Balance Sheet of the Auditors, now on the table; but they desire to direct the attention of the Meeting more particularly to the following facts, viz:—

1st, That the sum received for Premiums on *New Policies* issued during the *past year* has amounted to £10,040. 11*s*. 11*d*.

2nd, That the income of the Society, which is steadily and progressively *increasing*, now exceeds £86,600. per annum.

3rd, That after defraying the claims on account of Deaths, and *all other expenses*, £52,004. have been carried, as a clear saving, to the Consolidated Fund during the *twelve months* embraced in the present Report.

The Directors desire also to state, as indicating the estimation in which this Society is held by one of the best classes of assurers, that the number of Policies granted on the Lives of Clergymen has been *greater by 50 per cent.* during the last than during any preceding year.

When, in addition to these facts, it is made known; that by the Deed of Settlement not *more than one-sixth part* of the profits can be appropriated to the Shareholders, nor more than *5 per cent. interest* be paid on their instalments, the Directors feel confident that the Proprietors can recommend the Clerical, Medical, and General Life Assurance Society to their Friends and the Public, as offering *to the assured* advantages as great as can be derived from any similar Institution.

Be pleased to read the above.—Tables of Rates (which are **lower** *than at most other Offices) can be obtained of*

JOSEPH DOWNIE,
Agent,
BANK, ABERYSTWITH.

Laytons, Printers to the Society, 150, Fleet Street, London.

図 18　マルレディ・カバーの内側に印刷されたクレリカル・メディカル・ゼネラル生命保険会社の理事会報告には、“メディカル”の象徴としてのアスクレピオスの杖が描かれている。

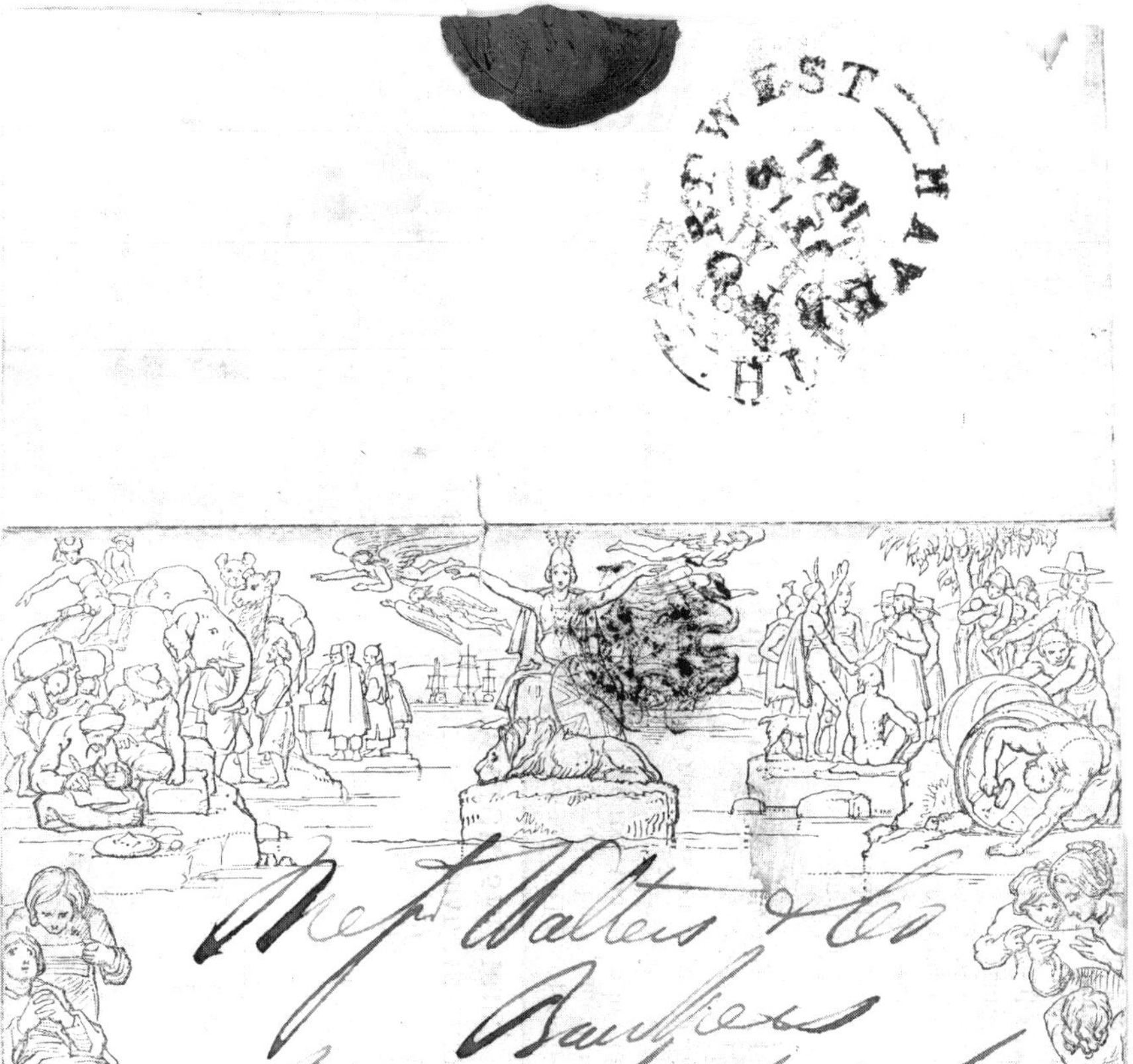

図 18 の理事会報告が印刷されたレターシートの表面

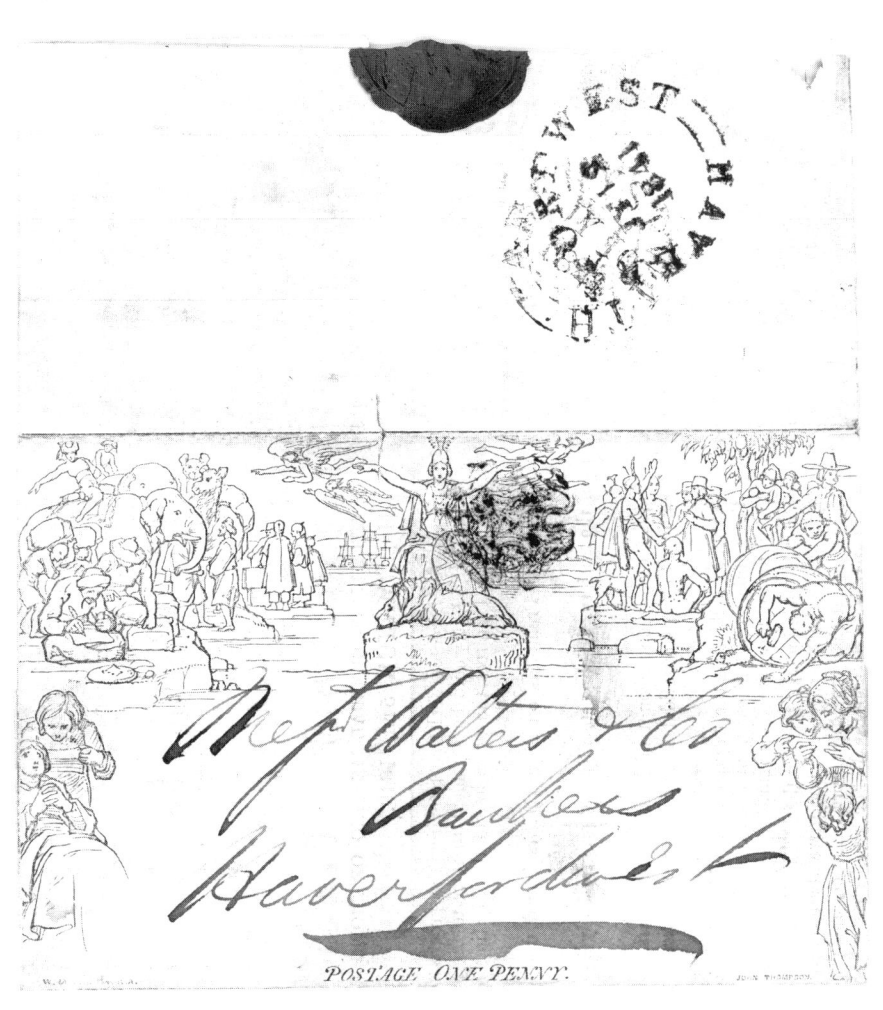

クレピオスの杖を交差させたデザインになっている。足元に置かれている書物は知識の象徴、雄鶏は警戒心の象徴で、「警戒を怠らねば安全がある」を意味する標語の〝CAVENDO TUTUS〟はいかにも保険会社らしいものといえよう。

一方、政府の郵政機関が発行する正規の切手にアクレピオスの杖が取り上げられたのは、一九二九年八月一日、デンマークが発行した〝デンマーク癌治療学会支援〟の寄付金付き切手（図19）が最初である。

一九二六年のノーベル生理学・医学賞を受賞したのは、デンマーク人の病理学者ヨハネス・フィビゲルである。

図19　1929年8月1日にデンマークが発行した“デンマーク癌治療学会支援”の寄付金付き切手

フィビゲルは、一八六七年四月二十三日、デンマーク中部のオーフス県シルケボア生まれ。一八九〇年にコペンハーゲン大学医学部を卒業後、ベルリンに留学し、ロベルト・コッホやベーリングについて細菌学を学んだ後、一九〇〇年に帰国してコペンハーゲン大学病理解剖学教授に就任した。

一九〇七年、ネズミの胃癌を比較研究している過程で、ある種の線虫が寄生したゴキブリを与えたネズミの発癌率が高いことを確認し、一九一三年、世界で最初に人工的に癌を作り出すことに成功したと発表した。また、ネコに寄生する条虫を用いて、ネズミに肝臓肉腫を起こすことにも成功。一九二六年のノーベル賞受賞はこの業績によるものだった。

ただし、フィビゲルの寄生虫発癌説は、一九五二年に米ミネソタ大学のヒッチコックとベルが、ビタミンA欠乏症のラットに線虫が感染した場合に、フィビゲルの報告したような病変が起こることを報告し、さらにフィビゲルの診断基準に問題があり、フィビゲルが使った標本を見直しても、ヒッチコックら自身の実験の標本でも、悪性腫瘍の像はないことを証明したため、現在では否定されている。

しかし、ノーベル賞受賞から二年も経たない一九二八年一月三十日にフィビゲルが亡くなった時点では、彼の寄生虫発癌説に疑義を呈する者は少なく、フィビゲルは癌研究の前進に大きく貢献したと考えられていた。

一九二九年にデンマークで〝デンマーク癌治療学会支援〟の寄付金付き切手が発行された背景には、生前のフィビゲルの功績をたたえ、彼の遺志を継いで癌研究を支援していこうとの意図があったとみられる。

なお、切手は、デンマークの王冠の下にアスクレピオスの杖を描くもので、十オーレ、十五オーレ、二十五オーレの三額面が同図案の色違いで発行された。切手には寄付金の表示はないが、郵便局では額面に五オーレを上乗せして販売されている。

WHOのシンボルマーク

第二次世界大戦後の一九四八年に設立された国連の専門機関の一つ、世界保健機関（WHO）は、国連旗の中央にアスクレピオスの杖を配した意匠のシンボルマークを用いているため、一九五〇年代以降、世界各国でWHO関連の切手が発行されるようになると、（WHOのマークの一部として）アスクレピオスの杖を描いた切手も数多く発行されるようになる。

全世界的な公衆衛生や健康に関する国際的機関は、一九〇七年十二月に設立された伝染病の検疫機関、公衆衛生国際事務局（Office International d'Hygiene Publique）が最初である。同事務局は、欧州十二ヵ国が「公衆衛生国際事務局設置に関する一九〇七年のローマ協定」に調印することで発足し、本部はパリに置かれていた。その後、第一次世界大戦が勃発する一九一四年までに加盟国は六十ヵ国に拡大する。

一九一四年に第一次世界大戦が勃発すると、戦場での不衛生な塹壕戦に加え、各国の軍隊が全世界規模で移動したことから、赤痢、チフス、コレラ、麻疹、スペイン風邪の拡大が深刻な問題となり、戦争被害にも劣らない被害が発生した。こうした感染被害は人為的なものではないだけに、大戦の終結後も直ちには解決されず、戦後の経済再建を大きく阻害することが懸念されたため、国際連盟が発足すると、連盟は国際公衆衛生の専門機関として国際連盟保健機関（ＬＮＨＯ：League of Nations Health Organization）を発足させた。しかし、米国が連盟に参加しなかったため、米国の加盟していた国際公衆衛生事務局は連盟とは別組織のままで存続することになった。

ＬＮＨＯは、マラリア対策や感染症情報共有、血清やビタミンの国際標準化の取り組みなどで大きな成果を上げたが、重要な活動に関しては、形式的にせよ連盟理事会の承認を得るために時間がかかり、迅速な対応がしづらかったことに加え、予算も限られていた。また、科学技術に関しては各国の権益がぶつかることもあり、制約が大きかった。

そこで、一九三九年の連盟理事会において、他の社会問題も含めて〝技術的な問題〟を検討する委員会が設立され、議長のスタンリー・ブルースが、経済および社会問題に関する国際協力に関しては、安全保障とは切り離して取り扱うべきであるとの報告を行った。

この報告がもとになって、一九四五年に国際連合（以下、国連）が創設されると、経済社会理事会が設置され、一九四六年七月二十二日、同理事会が開催した世界保健会議により、ＬＮＨＯを継承する組織を設立するための世界保健憲章が採択された。

世界保健憲章は一九四八年四月七日に発効し、これにより、国連の専門機関として、ジュネーヴを本部とする世界保健機関（ＷＨＯ：World Health Organization）が正式に発足。同年六月二十四日、ジュネーヴで第一回世界保健総会が開催され（図20）、国連旗とアスクレピオスを組み合わせたシンボルマークが制定されるとともに、一九五〇年以降、毎年四月七日をＷＨＯの創立記念日として〝世界保健デー〟とすることが決定された。

翌一九四九年の世界保健総会はイタリアのヴェネツィアで開かれ、開催国のイタリアが記念切手（図21、22）を発行した。こちらの切手は、地球を背景にアスクレピオスの杖を描いているが、ＷＨＯの正規のシンボルマークとは少しデザインが異なっている。

なお、一九四九年の〝世界保健デー〟に関しては、世界保健憲章の採択された日を（事実上の）ＷＨＯの創立記念日とみなして、七月二十二日に祝うというこ

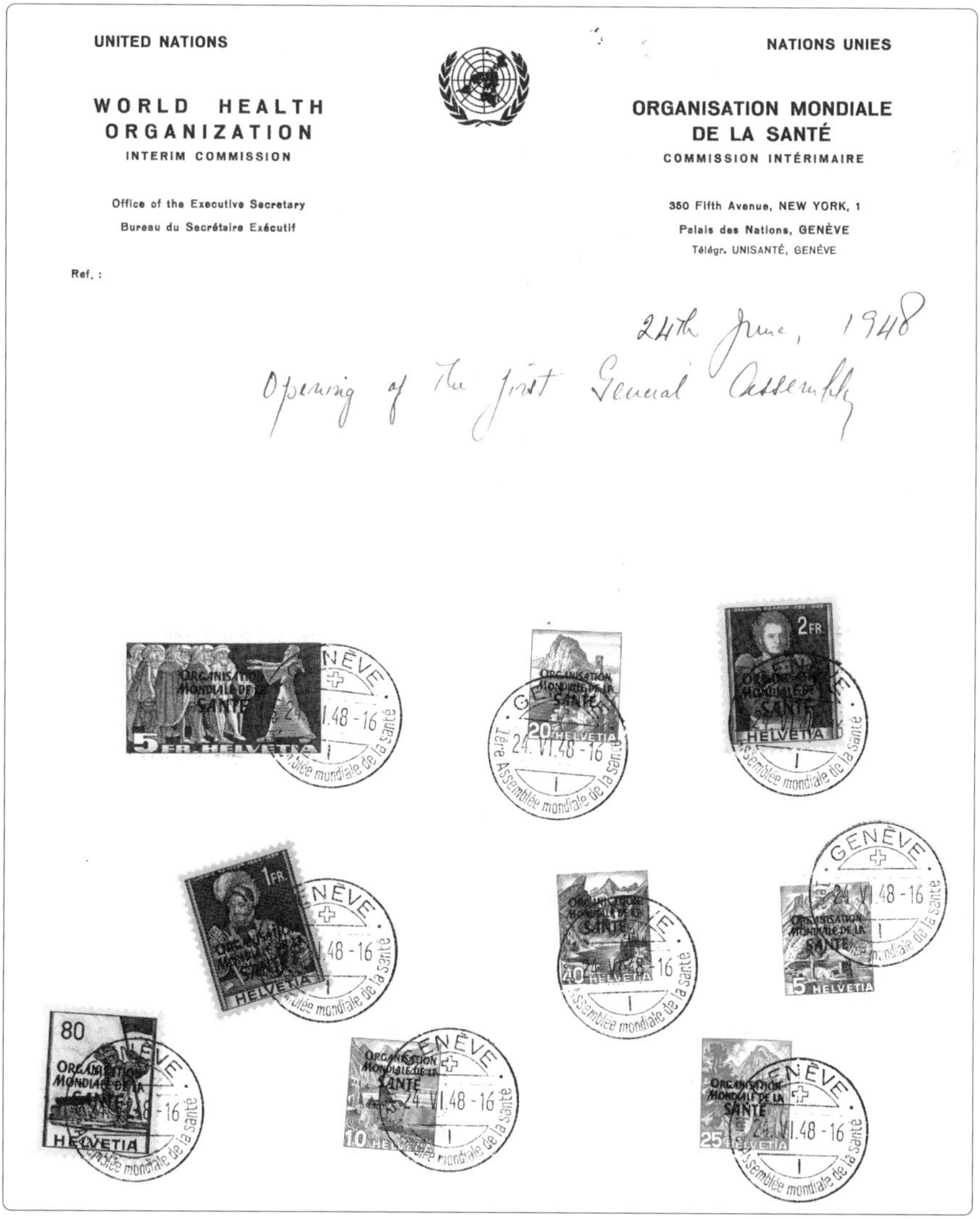

UNITED NATIONS

NATIONS UNIES

WORLD HEALTH ORGANIZATION
INTERIM COMMISSION

ORGANISATION MONDIALE DE LA SANTÉ
COMMISSION INTÉRIMAIRE

Office of the Executive Secretary
Bureau du Secrétaire Exécutif

350 Fifth Avenue, NEW YORK, 1
Palais des Nations, GENÈVE
Télégr. UNISANTÉ, GENÈVE

Ref. :

24th June, 1948
Opening of the first General Assembly

図20　第１回世界保健総会に際して、スイスが発行した“ORGANISATION MONDIALE DE LA SANTE（世界保健機関のフランス語名）”加刷の切手を、世界保健機関正式発足以前の同機構暫定委員会の便箋に貼り、会期初日の会場内の郵便局の消印を押した記念品。なお、第１回総会の時点では、ＷＨＯのシンボルマークは正式に採択されていないので、便箋のレターヘッドには国連マークが入っている。

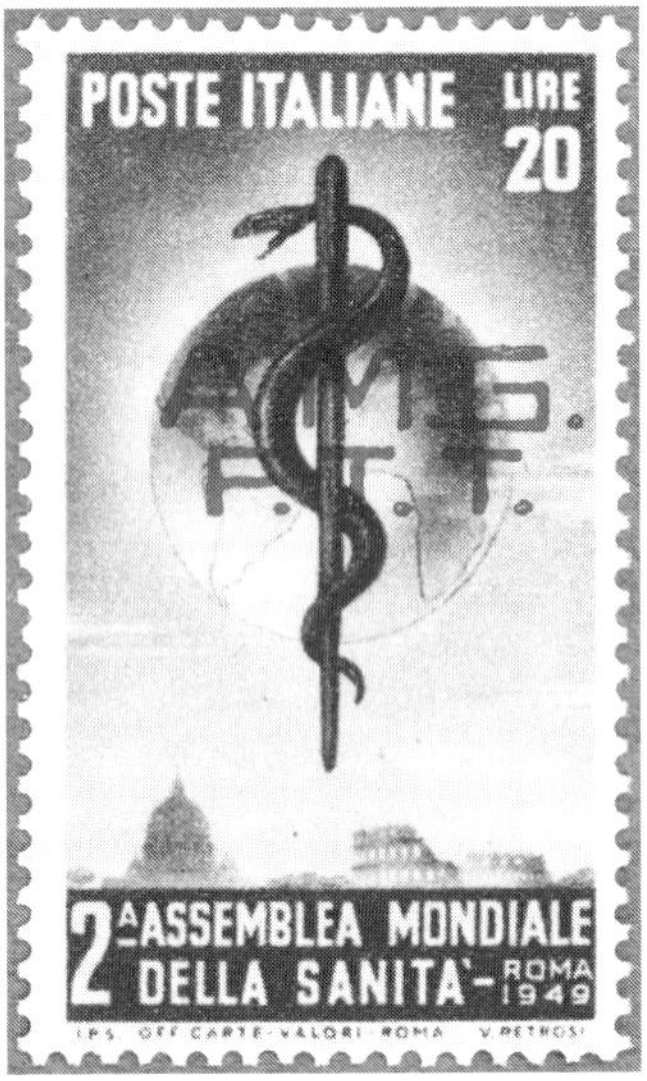

図22　同 AMG−FTT 加刷切手。

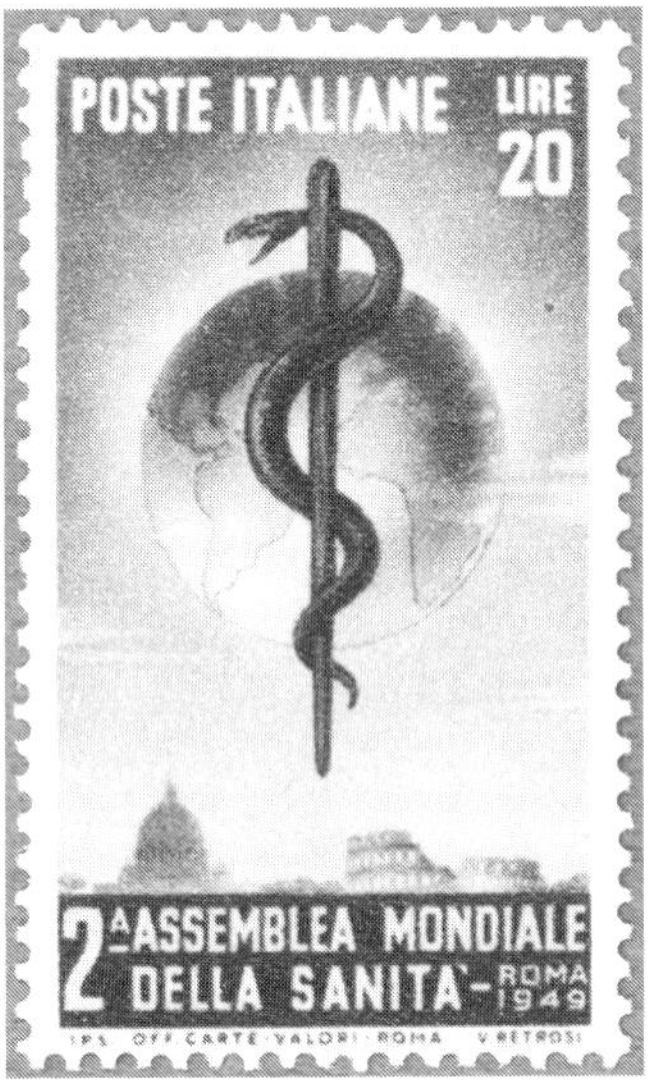

図21　第２回世界保健総会の記念切手。

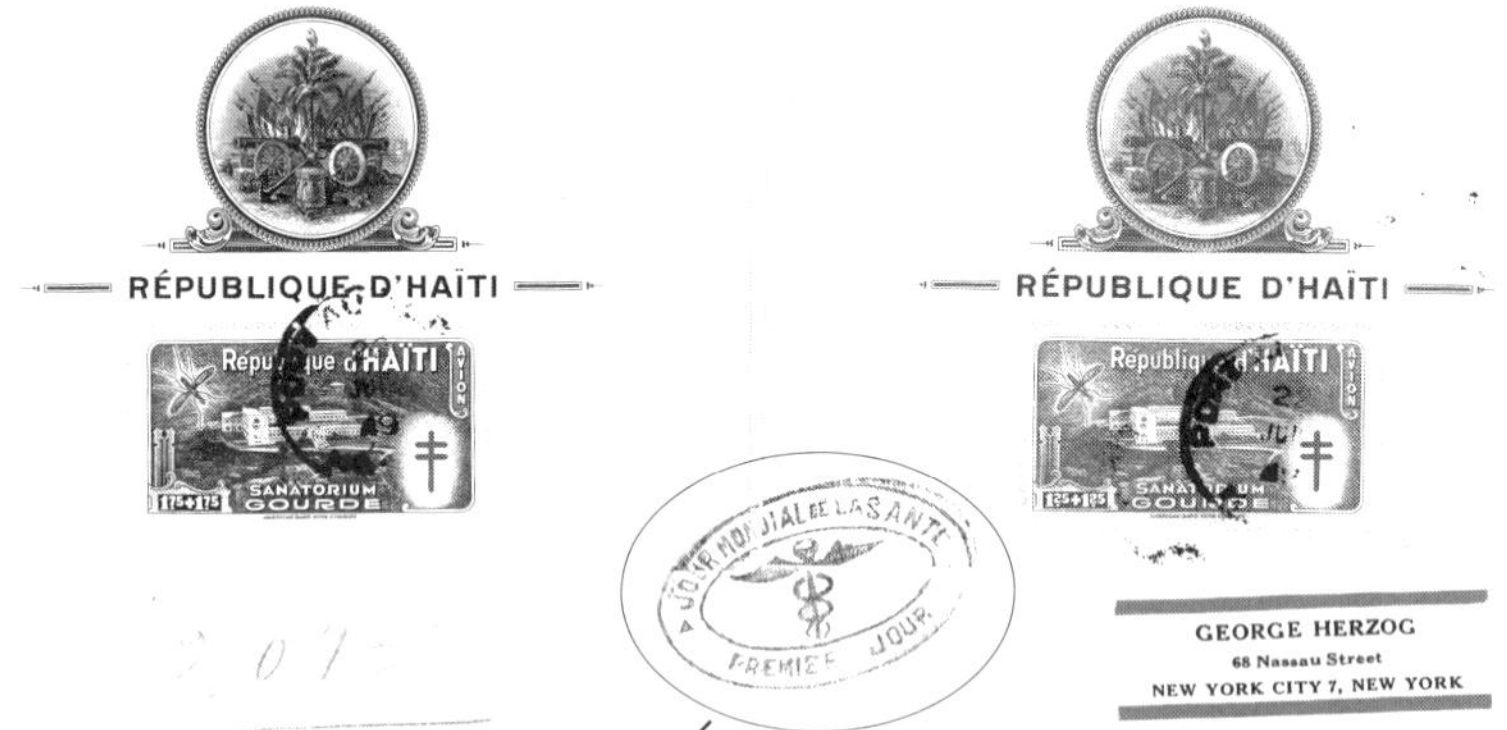

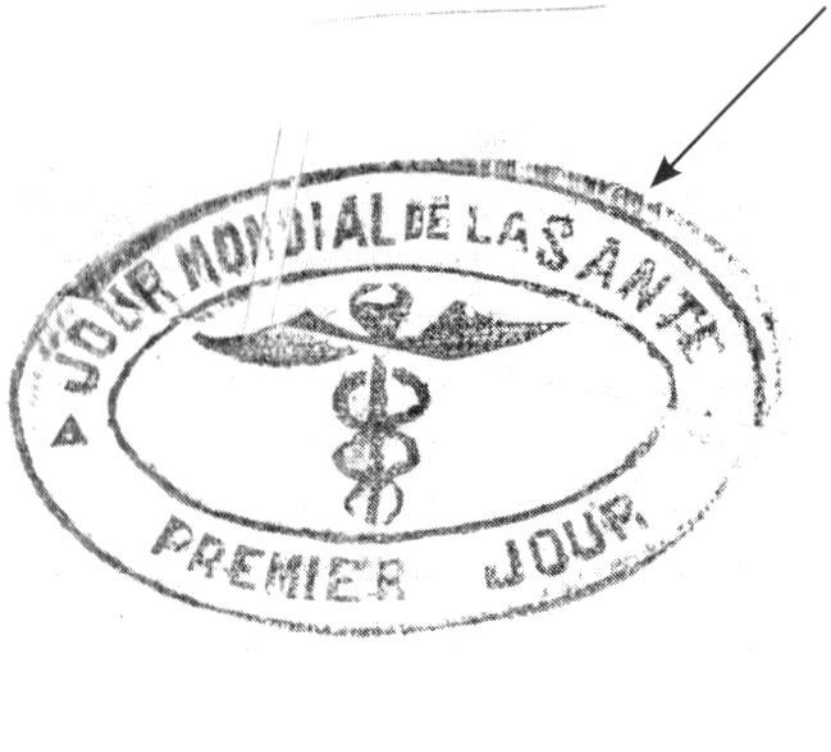

図23　1949年にハイチが発行した"結核予防・マラリア予防基金"の寄付金付き切手の初日カバーには、カドゥケウスが描かれた記念印が押されている。

ともあったようだ。たとえば、カリブ海の島国、ハイチでは七月二十二日に〝結核予防・マラリア予防基金〟の寄付金付き切手が発行されたが、その発行初日の記念印にはフランス語で〝世界保健デー〟を意味する〝JOUR MONDIALE DE LA SANTE〟の文言が入っている。なおこの記念印には、二匹の蛇が巻き付いた翼のある杖〝ケリュケイオン〟が描かれており、アスクレピオスの杖との混同がみられる（図23）。

一九五〇年の世界保健デーには記念切手を発行した国はなかったが、一九五一年の世界保健デーに際しては、イスラエルでＷＨＯのエンブレムが入った記念の消印（図24）が使用された。国・地域の郵政機関の公式の切手や消印にＷＨＯのエンブレムが正しく取り上げられたのはこれが最初である。ただし、〝世界保健デー〟の名目だが、実際に消印が使用されたのは当日の四月七日ではなく、翌日の八日であった。

一九四七年十一月二十九日、英国の委任統治下にあったパレスチナに関して、国連総会は、パレスチナにアラブ、ユダヤの二独立国を創設し、エルサレムとその周辺は国連信託統治下に置くという国連決議第一

図24　世界保健の日の記念印が押されたイスラエルのカバー。

八一号（パレスチナ分割決議）を採択した。同決議を根拠として、ユダヤ国家の建設を目指していたシオニストは、一九四八年三月、パレスチナのユダヤ人居住区を統治する臨時政府として〝ユダヤ国民評議会〟を樹立。ユダヤ国民評議会は、同年五月十四日、パレスチナにおける英国の委任統治が終了すると、ユダヤ人国家イスラエルの独立を宣言し、これを認めないアラブ諸国との第一次中東戦争（イスラエル独立戦争）が勃発した。

　第一次中東戦争は、一九四九年二月二十三日、イスラエルとエジプトの休戦協定が結ばれたのを皮切りに、七月までにイスラエルとアラブ諸国との休戦協定が成立したが、この間の五月十一日、イスラエルは国連への加盟を認められた。

　一九四七年の国連決議を建国の法的な根拠としているイスラエルとしては、国連とのつながりを強調するためにも、世界保健デーに合わせて、国連旗とアスクレピオスの杖を組み合わせたＷＨＯのエンブレムの入った消印を使用したということなのだろう。

　パレスチナ分割決議が採択された一九四七年の国連総会では、アルゼンチンの外交官が、第二次世界大戦以前の国際連盟や常設国際司法裁判所（現国際司法裁判所）等の先例に倣い、国連用の切手を発行すべきと提案。これを受けて、ニューヨークの国連本部内の郵便局が米国から国連に移管され、一九五一年十月二十四日、同局で使用するための〝国連切手〟の発行が開始された。

　国連郵政は、一九五六年四月六日、〝世界保健機関〟の切手（図25）を発行しているが、切手のデザインはアスクレピオスの杖と地球を組み合わせたもので、図

図25　1956年に国連が発行した“世界保健機関”の切手。

21のイタリア切手とよく似ているが、WHOのエンブレムとは異なっている。

なお、WHOのエンブレムをそのまま取り上げた切手は、翌一九五七年九月十六日、ジュネーヴのWHO事務局用に発行された切手（図26）が最初の事例となった。

マラリア撲滅のシンボル

WHOは、一九五五年から世界各地でDDT散布を行うなど、大規模な〝マラリア撲滅キャンペーン〟を開始。それが一定の成果を上げたことから、さらなる啓発活動の一環として、一九六二年四月七日の世界保健デーに加盟各国が記念のキャンペーン切手を発行することを提唱した。そして、このキャンペーン切手には、地球とアスクレピオスの杖、それに（マラリアを媒介する）蚊を組み合わせたシンボルマークを使用することを推奨した（図27）。

WHOの呼びかけを受けて、主として熱帯・亜熱帯のマラリア被害の深刻な地域では、マラリア撲滅の

図26　1957年にジュネーヴのWHO事務局用に発行された切手。

図27　1962年に西アフリカのマリで発行された“マラリア撲滅キャンペーン”の寄付金付き切手。旧仏領諸国では、WHOの呼びかけに応じて、キャンペーンのマークを大きく描いた統一図案の切手を発行した。

キャンペーン切手が一斉に発行された。日本本土ではマラリアの感染者が少ないため、日本ではキャンペーン切手は発行されなかったが、米施政権下にあった沖縄では、歴史的に八重山諸島、特に石垣島の北側（裏石垣）と西表島がマラリアの蔓延する地域として恐れられていたこともあり、キャンペーン切手が発行されている（図28）。

沖縄では、一五三〇年、西表島近くで難破したオランダ人船員からマラリアがもたらされたとの伝承があり、一七三二年以降、琉球王府が八重山開拓を進める過程で移住者の間にマラリアが蔓延したという記録がある。

図28　米施政権下の沖縄で発行されたマラリア撲滅キャンペーンの切手。

また、明治以降、西洋医学がもたらされたことで、一八九四年に、それまで風土病として恐れられていた〝八重山ヤキー〟がマラリアであることが確認され、以後、西表島や石垣島などでマラリアを理由に廃村となる事例が相次いだ。

このように、八重山諸島、特に石垣島の北側（裏石垣）と西表島は、マラリアの蔓延する地域として恐れられていたという歴史的な背景がある。

先の大戦中の一九四四年十月、米軍は石垣島への空襲を開始。一九四五年三月には連合国軍が慶良間諸島に上陸し、四月には沖縄本島とその周辺での激戦が始まるが、その間、八重山地区は激しい空襲と艦砲射撃にさらされ続けた。

そうした中で、八重山地区最南端の波照間島では、一九四五年三月下旬、米軍上陸の可能性が高まったとして、全住民に対して西表島南部の南風見田《はいみだ》への疎開が命じられる。しかし、疎開先として指定された南風見田はマラリアの発生地域で、一九二〇年にはマラリア禍により廃村に追い込まれたという経緯もあったため、住民の多くは疎開に反対した。それでも、最終的には軍の命令ということで、住民はやむなく疎開を受け入れ、四月初頭には黒島でも住民の山岳地域への疎開が行われた。

さらに一九四五年五月下旬、日本軍第三十二軍が司令部のあった首里を離れて本島南部方面に敗走したため、八重山軍は台湾の第十方面軍の直轄下に移された。第十方面軍は沖縄本島の次は八重山が攻撃を受ける可能性が高いと判断し、八重山本島でも一般住民は山岳地域への避難を命じられた。

いずれの場合も、疎開を余儀なくされた住民たちは、マラリア発生地域での不衛生な環境での共同生活を余儀なくされたため、疎開者の半数を上回る一万七千人がマラリアに罹患し、三千人以上が死亡（特に、波照間島の住民千五百九十人に関しては、千五百八十七人がマラリアに罹患し、四百七十七人が死亡）した。

第二次世界大戦後は、米軍による薬剤の提供や診療所の建設、ＤＤＴ散布による原虫の駆除などにより、一九四九年には八重山諸島全体の年間患者数は十七人にまで減少したが、その後、南方からの帰還兵や外地からの引揚者が増えると、再びマラリアが蔓延。これら一連の〝戦争マラリア〟は、八重山では戦争の悲劇の象徴として現在なお語り継がれることになった。

ちなみに、ＷＨＯを中心とした大規模な撲滅キャンペーンにより、八重山でマラリアの年間患者発生数がゼロになったのは、キャンペーン切手が発行された一九六二年のことである。

アスクレピオスの娘、ヒュギエイア

ところで、アスクレピオスにはヒュギエイアという名の娘がおり、蛇を従え、薬の入った壺（または杯）を携えて父の脇に仕えていた。このため、蛇と杯をモチーフにした〝ヒュギエイアの杯（図29）〟は、アスクレピオスの杖と対になる形で、薬学のシンボルとなった。

一九六八年九月八日、アテネで開催された第五回欧州循環器学会議に際してギリシアが発行した記念切手（図30）は、古代の彫刻の断片のうち、蛇の絡まる杖を

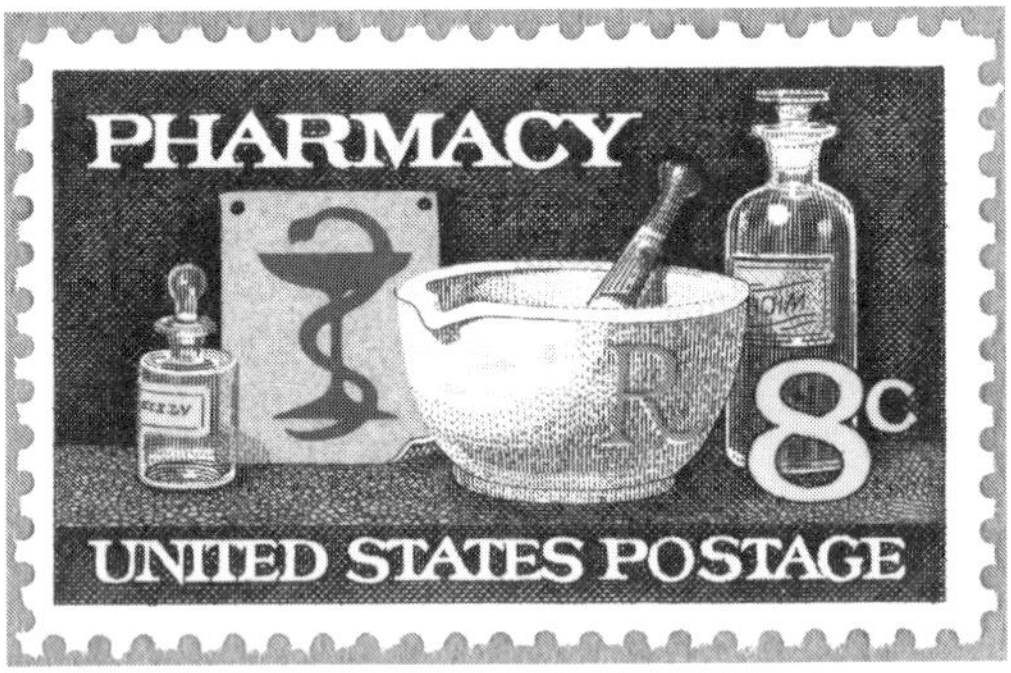

図 29　1972 年 11 月 10 日、米国が発行した“米国薬剤師会 120 周年”の記念切手には、薬瓶や乳鉢などと共に、薬学のシンボルとしての“ヒュギエイアの杯”が描かれている。

図 30　1968 年の欧州循環器学会議に際してギリシアが発行した記念切手。

持った人物の右手が、若い女性から杯を受け取る部分が取り上げられている。杖を持った人物の姿は、この断片では右手の一部しか見えないが、アスクレピオスであることは疑いようもなく、そのため、この女性がヒュギエイアであることがわかる。

バロック絵画の巨匠、ピーテル・パウル・ルーベンス（一五七七―一六四〇）には、右手に杯を持ち、左腕に蛇を巻き付けた女性を描いた作品がある。

作者のルーベンス自身がこの作品に題名をつけなかったため、この作品は、ヒュギエイアを描いたものとも、クレオパトラ（クレオパトラ七世）を描いたものともいわれている。

クレオパトラは紀元前六九年にプトレマイオス朝支配下のエジプト、アレクサンドリアで生まれ、紀元前五一年に父のプトレマイオス十二世が崩御すると、父の遺言に従って八歳年下の弟、プトレマイオス十三世と結婚し、エジプトの共同統治者となった。

その後、プトレマイオス十三世との対立から、紀元前四八年、アレクサンドリアから追放されたが、ローマの内戦で戦っていたポンペイウスがアレクサンドリアに逃れてきたところ、ポンペイウスを追撃してアレクサンドリアを訪れたカエサルがクレオパトラを召喚。クレオパトラはユリウス・カエサルと結んで、プトレマイオス十三世を打倒して権力を掌握した。

その後、彼女はカエサルとの間に子をもうけ、彼に招かれてローマに滞在したが、紀元前四七年、カエサルが暗殺されると、エジプトに戻った。その後、ローマの覇権をめぐって、マルクス・アントニウス（カエサルの部下）とオクタヴィアヌス（カエサルの養子）の対立が生じると、クレオパトラはマルクス・アントニウスを味方につけて三人の子を産み、王朝の延命を図った。

しかし、紀元前三一年九月、オクタヴィアヌス支持派とプトレマイオス朝およびマルクス・アントニウス支持派連合軍の間で行われたアクティウムの海戦で、アントニウスはオクタヴィアヌスの軍に敗れ、クレオパトラ死去の誤報を聞いたアントニウスが自殺を図り、死にかけたところで誤報だったと知るが、クレオパトラの目の前で息を引き取り、クレオパトラ自身もオクタヴィアヌスに屈することを拒み、毒蛇のアスプコブラに腕を咬ませて自殺したとされる。

ところで、クレオパトラがアスプコブラの毒で自殺したというのは、プルタルコス（プルターク）の『対比列伝（英雄伝）』の記述によるものだ。プルタルコスによれば、クレオパトラは、死刑囚を最小の苦痛で処刑するためにあらゆる毒薬に興味を持って試験し、その結果、アスプコブラの毒は眠くなるだけで苦痛がないとの知識を得て、自害の際にも用いたのだという。

もっとも、地球上に存在する二六〇〇種以上の蛇のうち、毒を持つ約四五〇種の中でも、コブラ科に属する蛇は毒性が強く、神経・筋接合部のアセチルコリンレセプターを遮断するため呼吸筋の麻痺をきたし、死に至るまでの苦痛が少ないとは考えにくい。実際、コブラの毒によって安楽な死が可能であれば、他にも同様の事例があっても良いはずだが、クレオパトラ以外に蛇毒で自害した著名人の例はない。

むしろ、本書の第3章でも述べたように、アスプコブラは下エジプトの支配者の象徴として、エジプトの王冠の装飾にも用いられていたことから、クレオパトラは、ローマに屈することを潔しとせず、エジプトの支配者のまま死ぬというアピールのため、アスプコブラを自害の〝介錯人〟として選んだ可能性が高い。すなわち、彼女は毒物を飲むなど、外傷をきたさず確実に死に至る手段をとったうえで、古代から続くエジプト王朝の最期をそのシンボルであるコブラに託したのではないかと考えられる。

ルーベンスの作品が、クレオパトラの自害の場面を描いたものとの解釈は、作中の女性が自らの腕に蛇を咬ませていることによるものだが、蛇はどう見ても彼女の身体を咬もうとしているようには見えない。このため、この女性については、クレオパトラではなく、蛇と杯の組み合わせから、ヒュギエイアを描いたものとする解釈も併存している。

したがって、一九七七年にチェコスロヴァキアが発行した切手（図31）では、作品名が「クレオパトラ（ヒュギエイア）」と併記されているが、筆者としては、「ヒュ

図31　1977年にチェコスロヴァキアが発行した〝クレオパトラ（ヒュギエイア）〟の切手。

図32　クリムトの「学部の絵：医学」のうち、ヒュギエイアの部分を取り上げたオーストリア切手。

ギエイア」と理解するのが妥当ではないかと考えている。

クリムトの「医学」

ルーベンスの作品では、ヒュギエイアと思しき女性は豊かな左胸をあらわにした姿で表現されているが、乳房を隠した着衣の姿ながら、より妖艶な姿で彼女を表現したのが、グスタフ・クリムトがウィーン大学行動の天井に描いた一連の絵画「学部の絵」のうちの「医学」だ（図32）。

一八九五年、ウィーン大学では大講堂を新築することになり、前年の一八九四年、大学当局はクリムトと彼の友人の画家、フランツ・マッチュに天井画五点の制作を依頼し、謝礼を前払いした。当時のウィーン大学には四学部があり、各学部がそれぞれの学問を表す寓意画を受け取り、天井の中央部装飾として五点目が制作される予定だった。

四学部を象徴する天井画のうち、クリムトが担当することになったのは「哲学」、「医学」、「法学」の三点。それぞれの作品は高さ四メートルを超える大作で、クリムトは専用のアトリエを手配し、一八九八年から作品制作に着手した。

このうち最初に完成した「哲学」は、一九〇〇年三月に開催の第七回ウィーン分離派展でオーストリア政府に贈られた三点の作品のうちの一点で、パリ万国博覧会で金賞を受賞していた作品である。

「哲学」には、若い女性だけでなく、男性の戦士や老人、うずくまった男女など、あらゆるタイプのヌードが用いられていたほか、骸骨も描かれており、クリムトとしては多様な人間性を表現したつもりだったが、ウィーン大学の教授たちはクリムトの作品は哲学を侮辱しているととらえ、激怒した。

ヒュギエイアが描かれている「医学」は二作目の作品で、一九〇一年三月の第十回分離派展に出品された（ちなみに、三番目の「法学」は一九〇七年に完成した）。

「医学」の右側には、〝生命の川〟の表現として半裸の人物の列が配され、その横には、生命の表現として、宇宙に浮かぶ若い裸体の女性とその足元に生まれたばかりの赤ん坊が描かれている。また、生命の川の中には死の表現として骸骨も描かれている。浮遊する女性と死体の川は、後ろから見た女と男の二本の腕でつながれており、絵の下部には蛇を腕に巻いたヒュゲイアが杯を人間に背を向けて立っている。

「医学」が発表されると、まず、批評家たちが一斉に作品を非難し、『医学週報（Medizinische Wochenschrift）』誌の社説は、この作品が医師の二大業績である予防と治療を無視していると批判した。

ウィーン大学では教員八十七人が絵に抗議し、一九〇一年には検察官が呼ばれ、ウィーン分離派の芸術誌『聖なる春（Ver Sacrum）』第六号は、「医学」のために鉛筆で描かれたスケッチを掲載していたことから、公衆道徳を害するという理由のもとに押収された（ただし、この押収命令はその後すぐに撤回されている）。

騒ぎが大きくなる中で、オーストリア議会でも保守系議員たちが作品を問題視し、クリムトに制作を依頼した教育大臣を厳しく非難し、辞任を要求する。

当時の人々がクリムトの作品に強い拒否感を示した背景には、ヌードが多用されていたことへの道徳的な忌避感に加え、寓意画は、ヤン・フェルメールの「絵画芸術」のように、概念を肯定的に理想化して表現すべきものであるとの当時の常識があった。これに対してクリムトの作品は、〝理想化〟とは対極の表現であり、人類が直面している世界はいかに制御不能であるかということを表現していたから、ウィーンの保守的な善男善女は強く反発したのである。ただし、こうした新しい試みは、むしろフランスやベルギーなどの国外では高く評価され、「学部の絵」はヨーロッパ象徴主義の傑作の一つと見なされている。

結局、ウィーン大学は各方面からの反対の声を受けて、「学部の絵」を大講堂の天井に飾らないことを決定。その後、教育省は新設の現代美術館で作品を展示しようと考えた。

一九〇四年、米国がフランスからルイジアナを購入してから百周年になるのを記念して、ミズーリ州セントルイスで〝ルイジアナ購入博覧会〟が開催されると、主催者側はクリムトに作品の出品を要請したが、オーストリアの教育省は内外の反応を懸念して出品を拒否した。そこでクリムトは「医学」の返還を求めたが、教育省は、作品はすでに国家の所有物であると主張して返還に応じなかった。

一九〇七年に「学部の絵」が完成すると、クリムトは、すでに受け取っていた報酬を教育省に返金して作品を自分の手に取り戻すため、長年の支援者であったアウグスト・レデラーの支援を得て、三万クラウンを返済。レデラーは支援の見返りに「哲学」を受け取り、その後、一九一〇年から一九一二年にかけて、クリムトの友人で画家仲間のコロマン・モーザーが「医学」と「法学」を購入した。

クリムトは一九一八年二月六日に亡くなり、同年十月十八日にはモーザーも亡くなったため、翌一九一九年、モーザーの遺族は「医学」と「法学」を売却。「医学」はオーストリア・ギャラリーの所蔵となり、「法学」はアウグスト・レデラーが入手した。

一九三八年三月、ドイツ軍がオーストリアに進駐し、オーストリアを新たなドイツの州〝オストマルク州〟とする独墺合邦が行われると、「学部の絵」はドイツ側に接収された。

「学部の絵」が最後に公開されたのは一九四三年のことで、その後、絵はニーダーエスターライヒ州のシュロス・イムメンドルフ城に移された。しかし、一九四五年五月、敗戦間際のドイツ軍は城に火を放って撤退し、その後、「学部の絵」の存否は不明で（破壊されたと考えるのが一般的だが、破壊されたことを示す確実な証拠もないという）、現在は下絵と数枚の写真が伝わるのみで、図32の切手もそこから再現されたものである。

蛇のいない国のヒュギエイア

ルーベンスとクリムトの絵画は、歴史的な美術作品として切手にも取り上げられたわけだが、オリジナルデザインとしてヒュギエイアを取り上げた切手は、一

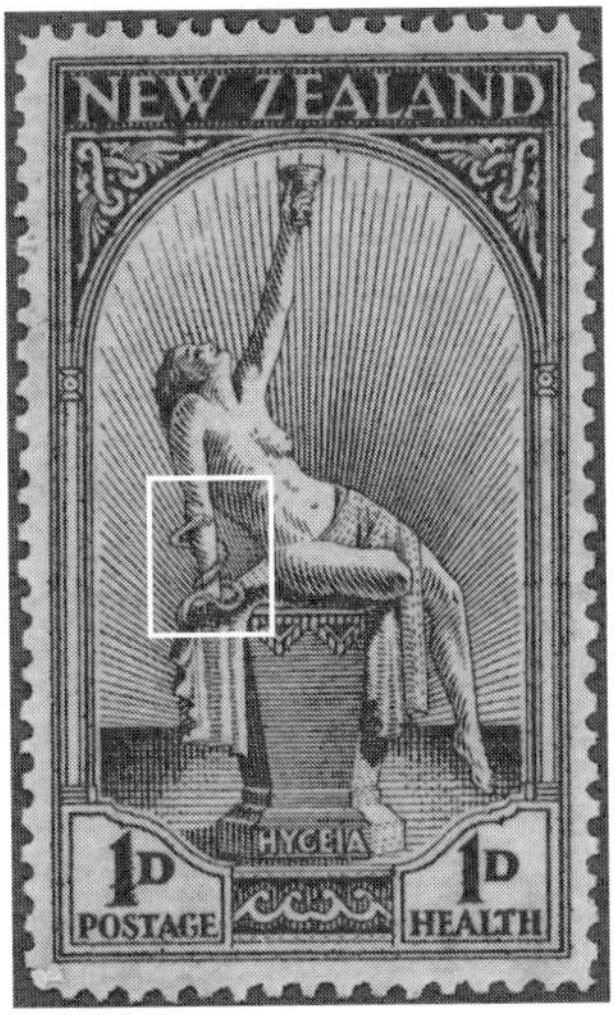

図33　ヒュギエイアを描くニュージーランドの健康切手。

九三二年十一月十八日にニュージーランドが発行した〝(寄付金付きの)健康切手〟(図33)である。

ニュージーランドは社会福祉制度の充実(と税負担の重さ)で知られているが、そのルーツは、一八九八年に世界最初の老人年金法が議会を通過し、高齢者への老人年金の支給が開始されたことに求められる。

さらに、オーストラリア大陸での疫病の流行をきっかけとして一九〇〇年に国民保健法が制定され、以後、国民保健大臣の下で社会福祉政策の充実が進められた。

具体的には、一九〇八年の労働者補償保険法や第一次世界大戦後の軍人恩給法、一九二四年の視覚障害者への年金制度創設などの諸政策を経て、一九三六年には傷病者年金が法律化され、十六歳以上の働ける見込みがない者に経済援助が与えられるようになった。そして、一九三八年制定の社会保障法により、世界に先駆けて全国民を対象とした社会福祉制度が導入された。

当然のことながら、こうした高福祉政策には巨額の財源が必要であり、そのための国民の税負担も相当なものとなっている。こうした背景から、ニュージーランド郵政は、国民の健康増進についての意識を高め、あわせて、福祉政策に関する費用を捻出する一手段として、寄付金付き切手(健康切手)を発行している。

その最初の切手(図34)は一九二九年に発行されたが、この切手は結核対策のための寄付金を付け、看護婦のデザインの下に〝HELP STAMP OUT TUBERCULOSIS(切手で結核をなくそう)〟の標語を入れたものだったが、翌一九三〇年からは、より広く国民の健康増進を訴える内容の切手が発行されることになった。

そこで、当時、ニュージーランド国内で盛んに行われていた青少年のための健康キャンプの活動を支援するものとして、ニュージーランド郵政は、レオナルド・ミッチェルの原画による〝スマイリング・ボーイ〟の切手を一九三〇年十月に発行することを計画した。

ところが、切手を製造したパーキンス・アンド・ベーコン社の事情で切手の製造が遅れ、発行予定日には間に合わなくなったため、ニュージーランド郵政は、急遽、一九二九年の切手の原版を流用し、図案はそのままに、標語を〝HELP PROMOTE HEALTH(健康増進の一助に)〟と改めた切手(図35)を一九三〇年十月二十九日に発行。〝スマイリング・ボーイ〟の切手(図

36）は、翌一九三一年十月三十一日、予定より一年遅れで発行された。

　これに対して、一九三二年の健康切手は〝健康〟の象徴としてヒュギエイアを描いていたが、前年までとは雰囲気が大きく異なっていたため、発行当時かなり物議を醸した。

　W・J・クーチとR・E・トライブが制作した切手のデザインは、朝日を背にした半裸のヒュギエイアが台座の上に腰を下ろし、状態をそらしつつ杯を高く掲げたものだったが、『オーストラリアン・スタンプ・マンスリー』誌は、このデザインについて「一晩中、享楽的な酒宴に参加していた半裸の女性が、杯を高く上げて朝日に挨拶する」さまを描いたもので、「（彼女は）蛇のいないニュージーランドで蛇の幻覚を見ている」と評した。

　蛇は移動能力が低い動物で、過去に一度も大陸と地続きにならなかった離島には、本来、蛇は存在しない。このため、ニュージーランドのみならず、ハワイやグアムも、もともとは蛇が生息していなかったが、ハワイやグアムに関しては、米国の支配下で米軍の荷物などに紛れて蛇が持ち込まれて定着した。

　天敵の蛇が存在しないため、ニュージーランドでは鳥類が独特の進化を遂げ、飛べない（＝飛ぶ必要のない）鳥が多数生息するようになっているが、そう

図34　ニュージーランドが1929年に発行した最初の健康切手。"HELP STAMP OUT TUBERCULOSIS（切手で結核をなくそう）" の標語が入っている。

図35　1930年の健康切手。標語は "HELP PROMOTE HEALTH（健康増進の一助に）" となっている。

図36　1931年に発行されたスマイリング・ボーイ。

した生態系を維持するため、ニュージーランドは現在でも国内への蛇の持ち込みを全面的に禁止しており、世界でも珍しい〝スネーク・フリー〟の国になっている。

そうした国の人々からすれば、ヒュギエイアが〝健康〟の象徴であるということを知識としては知っていても、蛇を腕に巻き付けた女性というモチーフに違和感を持つのが自然であったろう。

なお、切手の刷色が赤色になっているのは、当時の万国郵便連合の規定で、外信葉書の料金に相当する切手は赤色とすることになっていたためだが、〝酒に酔った女性〟を描くものとこの切手を評した『オーストラリアン・スタンプ・マンスリー』誌は、この切手について「ワインと同じ赤色で印刷されている」とコメントしている。

ギリシアの慈善切手

本章の最後に、ヒュギエイアを題材とした切手として最も有名なものとして、一九三四年からギリシアが発行した結核予防基金のための慈善切手についても簡単にご紹介しておこう。

この慈善切手は、一九三四年十二月に最初のセットとして同図案で色違いの三額面（十、二十、五十レプタ。図37）が発行された。翌一九三五年には、基本的なデザインはそのままに、それぞれの切手の上部にギリシア語の国名表示〝ΕΛΛΑΣ〟の文字が入ったもの（図38）が発行された。また、一九三九年には、一九三五年に発行された切手のうち、五十レプタ切手の刷色を変更したものが発行されたほか、一九四一年には一九三五年の十レプタ切手の額面を五十レプタに変更する加刷を施した切手も発行された。

これらの切手は、クリスマスと新年、イースター期間の年間計四週間は全ての郵便物に、郵便料金とは別に貼付することが義務付けられ、その売り上げが結核予防基金に寄付された。また、上記の四週間以外の期間は、小包郵便用の切手として、他の切手と同じように使用することが可能だった。

図 38　ヒュギエイアを描く 1935 年の慈善切手。
" ΕΛΛΑΣ " の国名表示が入っている。

図 37　ヒュギエイアを描く 1934 年の慈善切手。

第6章　エデンの園

『旧約聖書』の記述

神が作った最初の人間であるアダムとイヴ（エヴァ、エバとも）がエデンの園で蛇にそそのかされて〝知恵の実〟を食べてしまい、楽園を追放される物語（図1）は、『旧約聖書』の「創世記」第3章に記されている。キリスト教世界では最もよく知られた物語だけに、これまでにも宗教絵画からパロディ的なデザインのもの（図2）まで、さまざまな図像が無数に作られており、切手に取り上げられたものも少なくない。

図1　2010年11月21日にイスラエルが発行した「聖書物語」のうち、蛇にそそのかされたイヴがアダムに禁断の実を勧める場面を描いた1枚。絵画などでは、しばしば、股間をイチジクの葉で隠した2人が禁断の実を手にしている図像があるが、物語を素直に読むと、2人は禁断の実を食べた後に股間を隠しているので、禁断の実を手にしている（＝まだ食べていない）時点で股間を隠しているのはおかしいのだが、股間をあらわにした図像に抵抗を感じる人が少なくないのも事実であろう。この切手では、2人の首から下を草花に隠すことで、この問題をクリアしている。

図2　2000年9月19日にイスラエルが発行した“歯科衛生キャンペーン”の切手は、蛇にそそのかされ、お菓子という“禁断の果実”に手を伸ばすイヴと、歯ブラシを持つアダムが描かれている。

それらを見ていく前に、まずは、オリジナルのテキストを引用しておこう（訳文は二〇一八年版の聖書協会共同訳による）。

3:1 神である主が造られたあらゆる野の獣の中
で、最も賢いのは蛇であった。蛇は女に言った。
「神は本当に、園のどの木からも取って食べて
はいけないと言ったのか。」
3:2 女は蛇に言った。「私たちは園の木の実を食
べることはできます。
3:3 ただ、園の中央にある木の実は、取って食べ
てはいけない、触れてもいけない、死んではい
けないからと、神は言われたのです。」
3:4 蛇は女に言った。「いや、決して死ぬことは
ない。
3:5 それを食べると目が開け、神のように善悪を
知る者となることを、神は知っているのだ。」
3:6 女が見ると、その木は食べるに良く、目には
美しく、また、賢くなるというその木は好まし
く思われた。彼女は実を取って食べ、一緒にい
た夫にも与えた。そこで彼も食べた。
3:7 すると二人の目が開かれ、自分たちが裸であ
ることを知った。彼らはいちじくの葉をつづり
合わせ、腰に巻くものを作った。
3:8 その日、風の吹く頃、彼らは、神である主が
園の中を歩き回る音を聞いた。そこで人とその
妻は、神である主の顔を避け、園の木の間に身
を隠した。
3:9 神である主は人に声をかけて言われた。「ど
こにいるのか。」
3:10 彼は答えた。「私はあなたの足音を園で耳に
しました。私は裸なので、怖くなり、身を隠し
たのです。」
3:11 神は言われた。「裸であることを誰があなた
に告げたのか。取って食べてはいけないと命じ
ておいた木から食べたのか。」
3:12 人は答えた。「あなたが私と共にいるように
と与えてくださった妻、その妻が木から取って
くれたので私は食べたのです。」
3:13 神である主は女に言われた。「何ということ

をしたのか。」女は答えた。「蛇がだましたので
す。それで私は食べたのです。」
3:14 神である主は、蛇に向かって言われた。／「こ
のようなことをしたお前は／あらゆる家畜、あ
らゆる野の獣の中で／最も呪われる。／お前は
這いずり回り／生涯にわたって塵を食べるこ
とになる。
3:15 お前と女、お前の子孫と女の子孫との間に／
私は敵意を置く。／彼はお前の頭を砕き、お前
は彼のかかとを砕く。」
3:16 神は女に向かって言われた。／「私はあなた
の身ごもりの苦しみを大いに増す。／あなたは
苦しんで子を産むことになる。／あなたは夫を
求め、夫はあなたを治める。」
3:17 神は人に言われた。／「あなたは妻の声に聞
き従い／取って食べてはいけないと／命じて
おいた木から食べた。／あなたのゆえに、土は
呪われてしまった。／あなたは生涯にわたり／
苦しんで食べ物を得ることになる。
3:18 土があなたのために生えさせるのは／茨と
あざみである。／あなたはその野の草を食べる。
3:19 土から取られたあなたは土に帰るまで／額
に汗して糧を得る。／あなたは塵だから、塵に
帰る。」
3:20 人は妻をエバと名付けた。彼女がすべての生
ける者の母となったからである。
3:21 神である主は、人とその妻に皮の衣を作って
着せられた。
3:22 神である主は言われた。「人は我々の一人の
ように善悪を知る者となった。さあ、彼が手を
伸ばし、また命の木から取って食べ、永遠に生
きることがないようにしよう。」
3:23 神である主は、エデンの園から彼を追い出さ
れた。人がそこから取られた土を耕すためであ
る。
3:24 神は人を追放し、命の木に至る道を守るた
め、エデンの園の東にケルビムときらめく剣の
炎を置かれた。

手足を失う前の蛇

「創世記」の記述を素直に読むと、蛇はイヴを誘惑して禁断の果実を食わせたがゆえに地を這って生きることになったのだから、その所業が神に知られるまでは現在のような姿ではなく、他の獣たちのように脚を使って歩いていたということになる。

そうした現在とは全く異なる蛇の姿を表現した事例のうち、切手に取り上げられたものとしては、パリのノートルダム大聖堂のステンドグラスがある（図3）。

パリ・シテ島のノートルダム大聖堂が建てられている敷地は、ローマ時代にはローマ神話の主神とされるユピテル（ジュピター）の神域とされていた場所で、ローマ帝国の崩壊後、キリスト教徒によって教会堂が建設されていた。

一一六三年、ローマ時代にはユピテルの神域とされていたシテ島の土地に、フランス国王ルイ七世臨席の下、ローマ教皇アレクサンデル三世によって大聖堂の礎石が据えられる。その後、司教のモーリス・ド・シュリーと後継者のオドン・ド・シュリーの指揮により、

図3　ノートルダム大聖堂のステンドグラス「アダムとイヴ」を取り上げたフランスの切手シート。2019年の火災で損傷したノートルダム大聖堂修復支援プロジェクトの一環として、2021年4月26日に発行された。

神に罰せられる前の脚、羽、耳のある蛇の姿。

一二二五年まで工事が続けられ、全長一二八メートル、幅四八メートル、高さ九一メートルの壮大な大聖堂が完成した。これが、パリのノートルダム大聖堂である。

大聖堂の三つの薔薇窓には巨大なステンドグラスが設置されているが、これは、大ステンドグラスとしては初期の事例である。

十二世紀後半、フランスを発祥とするゴシック建築が生まれる以前には、石造建築に巨大なステンドグラスは重量の制約から設置不可能だった。

建築史の観点からすると、ゴシック建築は尖頭アーチ、リヴ・ヴォールト、フライング・バットレスという三つの技法を総合したのが特徴になっている。

リヴ・ヴォールトは、横断アーチとその対角線のアーチをリブとして、その隙間をセルによって覆うヴォールト（かまぼこ型を特徴とする天井様式および建築構造）で、リブを用いているため、天井が補強されるうえ、軽量化が可能なため、広い天井下の空間を実現することが可能になった。

一方、フライング・バットレス（バットレスは、建築物の外壁の補強のため、屋外に張り出すかたちで設置される柱状の部分）は、十世紀から十二世紀末のロマネスク建築では側廊屋根裏に隠されていたアーチを側廊屋根よりも高い位置に移して、空中にアーチを架けた飛梁のことである。

これらを採用したゴシック様式が導入されたことで、教会建築は高さを求めつつ、壁面の骨組構造に変え、窓を大きく解放できるようになり、そのことが巨大なステンドグラスを可能としたのである。

大聖堂には、西正面、南・北袖廊扉口と三箇所の薔薇窓があり、南・北袖廊は一二五〇年代から建築家ジャン・ド・シェルが建設を担当した。中世のその他のステンドグラスはほとんど破壊されてしまい、現在は十八世紀のものや十九世紀のもの、一九六五年にル・シュバリエによって新たに作られたステンドグラスに代えられている。

このうち、切手シートにも取り上げられたアダムとイヴのステンドグラスは、北袖廊扉口の一部。この窓は直径一二・九〇メートルで、オリジナルは一二二五年頃の制作である。中心部には聖母マリアが幼児キリストを抱いて玉座に坐っており（図4）、十六本のメダ

図４　ノートルダム大聖堂の中央の聖母子のステンドグラス。

イヨン（メダル型の装飾）には旧約聖書の預言者たち、三十二個のメダイヨンには、円錐形の三重冠をかぶったユダヤ教の大祭司が表現され、創世記から始まり、キリスト到来までのユダヤ民族の歴史、旧約聖書に捧げられている。

ステンドグラスでは、神に罰せられる前の〝蛇〟が、脚や羽、耳のある姿で描かれているのが特徴で、「創世記」の記述を忠実に再現した結果、このような図像になったのだろう。「楽園追放」の物語を知らなければ、これが〝蛇〟であるとはイメージしづらいが、教会の大聖堂で文字の読めない善男善女にも聖書の物語を理解させるための手段としては、テキストに忠実であることが優先されたのであろう。

人間の顔ないしは上半身を持つ蛇

もっとも、イヴを誘惑する蛇に手足などがついているという図像は、聖書のテキストには忠実であっても、やはり一般人には理解しづらかったのではないかと思われる。そこで、人間を誘惑するためには蛇が人間の言葉を話せなければならないという設定に合わせて、蛇の胴体に人間の首ないしは上半身をつけることで、通常の蛇との違いを表現することも行われた。

その一例が、ノートルダム大聖堂とほぼ同時代、十三世紀末（一二九〇年頃）、南ドイツのショッケンで制作された写本『聖書』（一三一頁で構成。一五二×一二五ミリ）の「創世記」の口絵に描かれた蛇である。

ショッケン写本の口絵は、四十六に分割された小円の中に物語の各場面を象徴する絵が描かれており、最上段の右端（イディッシュは右から左に書くため、冒頭に相当）に人間の頭が付いた蛇に誘惑されるアダムとイヴが描かれている。

この口絵は一九八五年にイスラエルで開催された世

図５　ショッケン写本『創世記』口絵を取り上げたイスラエルの切手シート。

界切手展を記念して発行された切手シートにも取り上げられている（図5）が、切手シートでは、口絵の全体像をベースに左下をめくると、右上の「蛇に誘惑されるアダムとイヴ」の部分を取り上げた切手が見えるようなデザインになっている。

さて、口絵中央のヘブライ文字は「創世記」の意味で、写本の本文は、ヘブライ語ではなくイディッシュで記されている。

イディッシュは〝ユダヤ語〟の意味。アシュケナジーム（ドイツ語圏や東欧諸国などに定住したユダヤ系の人々およびその子孫）の言語で、崩れた高地ドイツ語（標準ドイツ語の母体）にヘブライ語やスラブ語の単語が混じっており、単語の八割以上は標準ドイツ語と共通である。伝統的にはヘブライ文字を使用してきたが、現在では標準ドイツ語に準じたラテン文字で表記されることもある。

言語としては、九世紀から十二世紀の間にライン地方などで中高ドイツ語を基礎に興ったが、一〇九六年の第一回十字軍に際して、同地方のローカルな聖職者たちが「なぜ異教徒を倒すためにわざわざエルサレムまで赴かねばならないのか。目の前に異教徒がいるではないか」と兵士たちを煽動し、実際に多くのユダヤ人が犠牲になったのを機に、ライン地方からポーランドへのユダヤ人の移動が本格的に始まると、徐々にポーランド・リトアニア地域がイディッシュ文化の中心地となった。

中東欧のユダヤ世界における主要言語として二十世紀前半まで盛んに用いられていたが、一九三三年に発足したドイツ・ナチス政権によるユダヤ人迫害政策や、第二次世界大戦後の中東欧の共産主義化、さらには一九四八年に建国されたイスラエルへのユダヤ人の移住などにより、欧州でのイディッシュ人口は激減した。

図6　1970年12月17日にチェコスロヴァキア（当時）が発行した「スロヴァキアのイコン」の切手のうち、「楽園追放」を取り上げた1枚。

それでも、現在なお米国のアシュケナージ／ドイツ系の三百万人以上が（程度の差はあるが）イディッシュを理解することができるという。

このほかにも、たとえば、十六世紀に制作された「楽園追放」のイコン（図6。スロヴァキア・バルデヨフのイコン博物館蔵）でも、アダムとイヴとともに大天使ミカエルの前で詰問される蛇は、蛇の胴に人間の上半身をつけた姿で表現されているが、こうしたスタイルの蛇の図像の一つの完成形ともいうべきなのが、ダ・ヴィンチ、ラファエロとともにルネサンスの三大巨匠の一人、ミケランジェロがシスティーナ礼拝堂の天井に描いた「原罪と楽園からの追放」（図7）であろう。

ローマ教皇の公邸、ヴァティカン宮殿の礼拝堂として知られるシスティーナ礼拝堂は、一四七七年から一四八〇年にかけて、教皇シクストゥス四世が宮殿内の古い礼拝堂を改修させたもので、その名は教皇名（SistoⅣ）に由来する。

その天井画は、一五〇八年から一五一二年にかけて、教皇ユリウス二世の命を受けたミケランジェロが制作したもので、天井画の中心部分は九つに区分され、主

図7　システィーナ礼拝堂天井画の「原罪と楽園追放」を取り上げたヴァティカンの切手。

題は『旧約聖書』「創世記」から大きく三つのテーマ（天地創造、アダムとイヴ、ノアの物語）、九つの場面が描かれている。『原罪と楽園からの追放』は、アダムとイヴに関する絵画の三番目として『アダムの創造』と『イヴの創造』とともに描かれた。

『原罪と楽園からの追放』は、画面のほぼ中央に善悪の知恵の木を描くことで画面を二分割し、画面の左側にイヴが知恵の実を食べる〝原罪〟の場面を、右側に楽園追放を描いている。

原罪は澄んだ明るい空を背景に、知恵の木の枝と地面の岩によって作り出された対角線の空間内に描き、裸のアダムとイヴは筋骨たくましく描かれている。特にイヴは、ミケランジェロの女性に典型的な、男性的な筋肉質の身体つきをしている。

「神が禁じた果実を食べても死ぬことはない、神のように賢くなれる」と言ってイヴを誘惑する蛇の上半身は人間の女性になっており、長い下半身を知恵の木に巻きつけて、イヴに禁断の果実を取り、それをアダムに渡すように説得している。岩の上に横向きで寝そべったイヴは、蛇の言葉に応えるかのように上半身を後方にねじって手を伸ばしているが、アダムは別の果実を取るために立って樹上に手を伸ばしている。

一方、右側の楽園追放では背景に非常に平坦で荒れ果てた大地が広がっており、緑豊かなエデンの園とは対照的に不毛で乾燥しており、アダムとイヴは天使によって脅かされ、楽園から追い立てられている。

なおミケランジェロ以降も、イヴを誘惑する蛇に人間の頭ないしは上半身をつけた図像は作られており、そのうちの代表的な作品が、バロック期のフランドルの巨匠ピーテル・パウル・リューベンス（英語読みだとルーベンス）の「アダムとイヴ」（図8）である。

一五七七年、アントウェルペン出身のプロテスタントの法律家の家庭に生まれたリューベンスは、父親の死後、アントウェルペンでカトリック教徒として成長し、ラテン語と古典文学を学んだ。一五九〇年、十三歳で伺候したフィリップ・フォン・ラレング伯未亡人のマルグレーテ・ド・リーニュから芸術的素養を見込まれ、アントウェルペンの画家組合、聖ルカ・ギルドに入会して、トビアス・フェルハーフト、アダム・ファン・ノールト、オットー・ファン・フェーンらに師事

図8　ルーベンスがティツィアーノの作品を模写しつつ制作した「アダムとイヴ」（プラド美術館蔵）を取り上げた絵葉書。

し、ルネサンス期の画家の作品を徹底的に模写して修行した。

一六〇〇―〇八年にはイタリアに留学してミケランジェロの肉体表現、ラファエロやマンテーニャの古典思想的表現、ティツィアーノなどヴェネツィア派からの豊かな色彩による画面構成、コレッジョからの甘美的表現などルネサンス芸術を研究して才能を開花させた。この時期、ヴェネツィアの外交使節として、名画を寄贈するためスペインへ向かう途中、大雨により名画を濡らしてしまった際には、自らそれを修復。その出来栄えの良さにスペイン国王のみならず、イタリアの貴族からも絶賛され、その名が広く知れ渡ることになった。

一六〇八年、母親の病気の報を受けて帰国したのを機に、翌一六〇九年九月、スペイン領ネーデルラント君主のオーストリア大公アルブレヒト七世と大公妃でスペイン王女のイサベルの宮廷画家に迎えられ、宮廷が置かれていたブリュッセルではなく、アントウェルペンに工房を設けることを許された。リューベンスは大公妃イサベルの信任が厚く、画家としてのみならず特使や外交官の役割もこなし、一六二七―三〇年にかけて、スペインとネーデルラントの平和交渉のため、スペインとイングランドの宮廷を何度も往来。画家兼外交官として、各地の宮廷で賓客として遇されて作品を残し、スペインとイングランドから爵位を与えられている。

「アダムとイヴ」は、この間の一六二八―二九年、スペインに滞在していた際、ヴェネツィア派の巨匠ティツィアーノ・ヴェチェッリオの一五五〇年頃の作品を模写しつつ、多くの変更を加えて制作した作品で、画面右上には子供の上半身を持つ蛇の姿がしっかりと確認できる。

リアルな蛇がイヴを誘惑する

「創世記」のテキストに従えば、蛇が現在のように手足のない姿になったのは楽園から追放（を宣告）された後のことなので、現在の我々が目にしているような爬虫類としての蛇とイヴをそのまま描くのはおかしいのだが、実際には、リアルな爬虫類の蛇をアダムやイ

図９　モンレアーレ大聖堂の「アダムとイヴ」のモザイク画。

ヴとともに描いた図像も比較的古い時代から存在する。その代表的な事例が、一一八二年に完成したイタリア・シチリア島のモンレアーレ大聖堂のモザイク画（図9）である。

モンレアーレ大聖堂は、一一七四年、グリエルモ（英語読みだとウィリアム）二世の命により〝被昇天の聖母〟に捧げる教会として建設が開始され、一一八二年に完成した。

教会内部には、大理石板の台胴を除き、アーチの下端と脇柱を含めたすべての面にビザンツ様式のガラス・モザイク（ちなみに、モザイク絵には主としてラテン語、たまにギリシャ語の説明が付されている）が施されており、その総面積は六五〇〇平方メートルにも及んでいる。

アダムとイヴを含む「創世記」の物語は身廊のモザイク絵の上段にあり、そこから旧約聖書の物語を経て、キリストとその贖罪、キリストの降臨を予言し、その準備をした人々の絵が描かれている。また、下段と内陣周辺には新約聖書に基づく挿話が描かれており、キリストがもたらした奇跡と受難や使徒、福音伝道者、その他の聖人が題材となっている。

中世の宗教画では形式が重視され、絵画も平面的・表象的な表現になっていたが、ルネサンス以降の絵画作品では形式にとらわれず「見たまま、見えたままに描く」ことが重視されるようになった。これに伴い、イヴの傍らに描かれる蛇も、現実の爬虫類に近い写実的な形式のものが増えてくる。

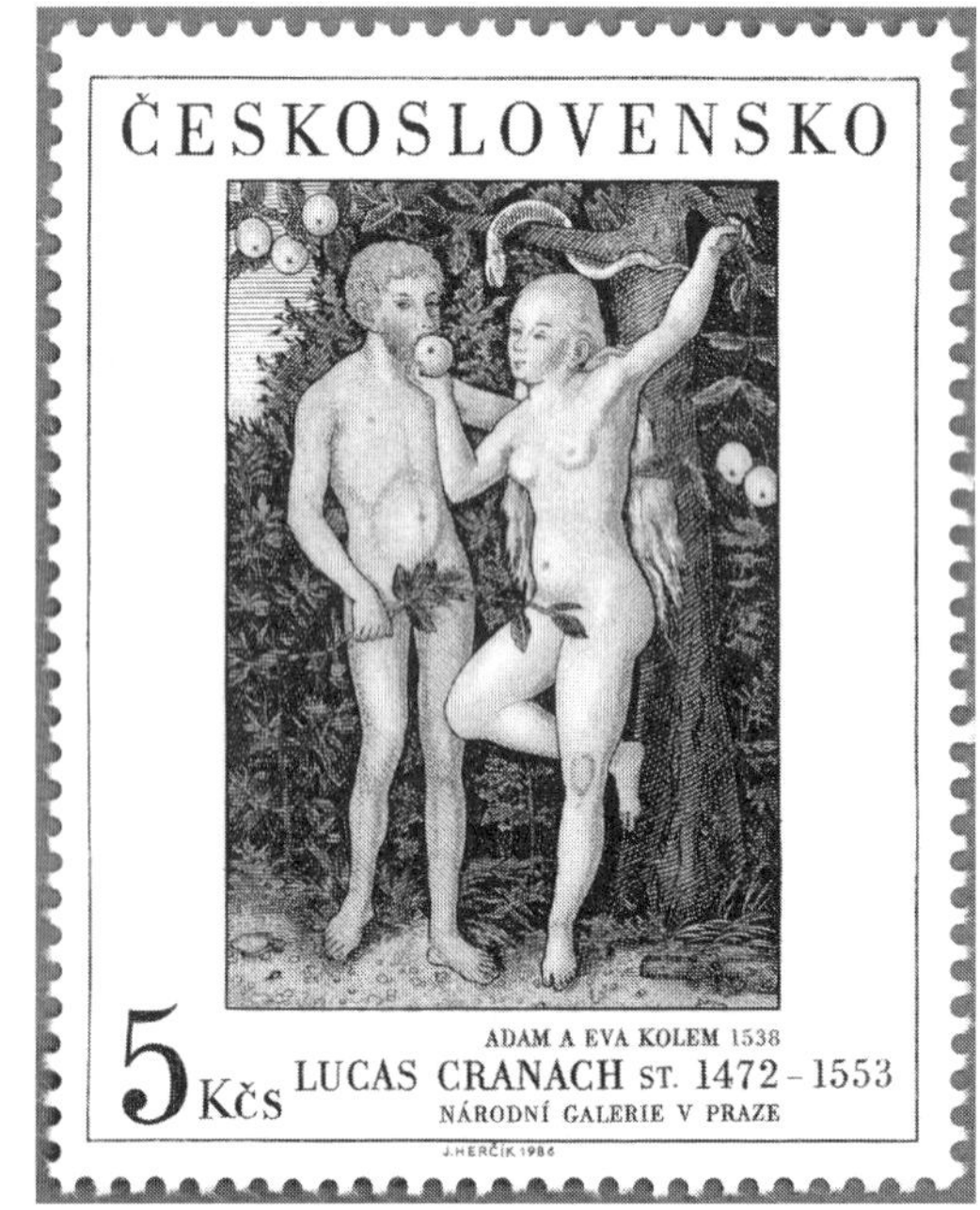

図10　クラナッハが制作した「アダムとイヴ」のうち1538年の作品（プラハ国立美術館蔵）を取り上げたチェコスロヴァキアの切手。

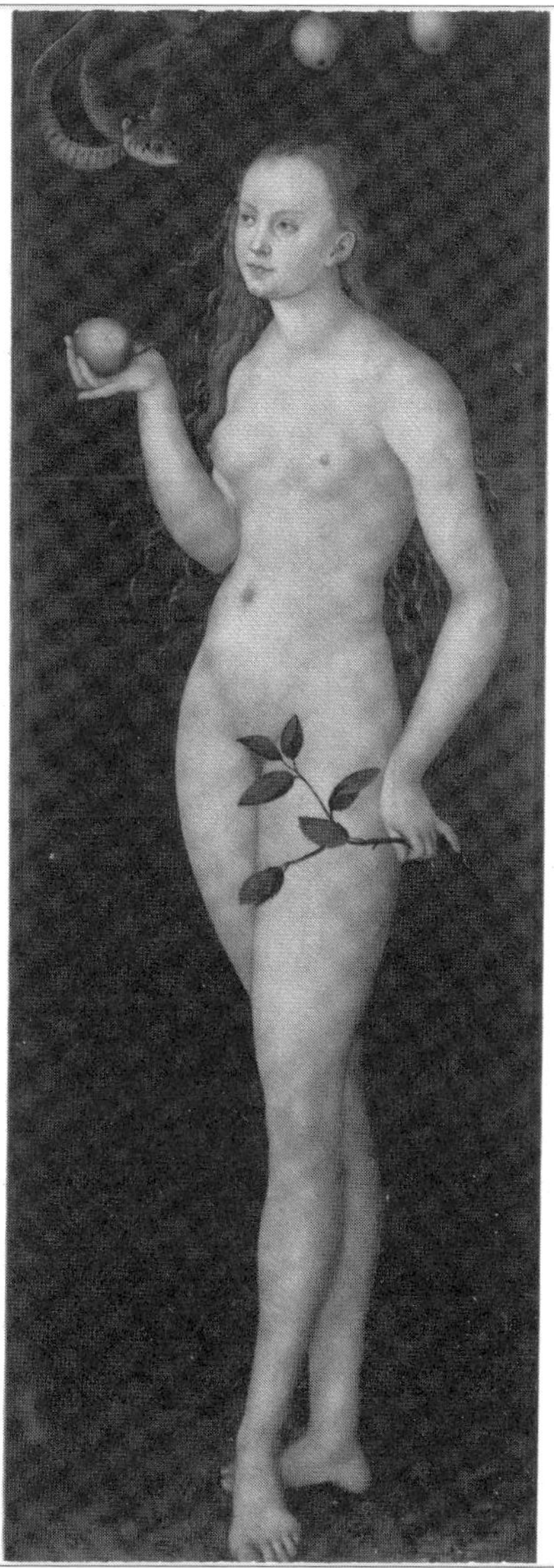

図 11　同じく、1528 年の作品（ウフィツィ美術館蔵）のイヴの部分を取り上げた絵葉書。

図 12　同じく 1530 年の作品（メキシコ・シティのサン・カルロス国立美術館蔵）を取り上げた絵葉書。

ドイツ・ルネサンスの巨匠、ルーカス・クラナッハ（父。以下、単にクラナッハと記す）は「アダムとイヴ」を題材とした作品を数多く残しているが、そこに描かれている蛇の多くはリアルな爬虫類としての姿である（図10、11、12）。

クラナッハは、一四七二年十月四日バイエルン州のクローナハで生まれた。各地を旅した後、一五〇一年頃からウィーンで活動するようになり、生まれ故郷のクローナハから、クラナッハという名前を作品に署名するようになった。

一五〇五年、ザクセン選帝侯フリードリヒ三世からヴァイマルに招かれ、一五〇八年には貴族の称号を得てヴィッテンベルクに工房を構え、フリードリヒ三世の御用絵師として仕えた。また、一五一七年に宗教改革を提唱したマルティン・ルターの友人であったため、彼とその家族の肖像画を多く残しているほか（図13）、腰の細くくびれた（当時としては）独特なプロポーションのヴィーナス像でも知られる。

クラナッハは一五五三年にヴァイマルで亡くなったが、それから四十年後の一五九三年にオスワルド・クロイセルが制作したミルシュタット修道院（同修道院は、一〇七〇年頃、バイエルン伯爵パラティヌスアリボ二世がベネディクト修道会の修道院として建立したが、一五九八年から一七七三年まではイエズス会の管理下にあった）の祭壇画（図14）でも、「アダムとイヴ」においてイヴを誘惑する蛇はリアルな爬虫類として描かれており、十六世紀には、必ずしもこの画題では「創世記」のテキストに忠実に〝手足のある

図13　クラナッハによるルターの肖像を取りあげたドイツの切手。

図14 ミルシュタット修道院の祭壇画を取り上げたオーストリアの切手。

図15　1998年にミクロネシア連邦が発行した切手シートのアダムとイヴ。

蛇〟を描く必要はないとの認識が定着していたことがうかがえる。なお、この絵の背景には毛皮をまとった二人が大天使ミカエルによって楽園を追放される場面が描かれており、一枚の絵で楽園追放の物語の全体像が理解できるようになっている。

南国のアダムとイヴ

十五世紀後半から大航海時代が本格化し、キリスト教と聖書の物語がアジア・アフリカ・南北アメリカに拡散すると、現地の風土・風俗を反映した聖人やキリストの図像が作られる現象も生じるようになる。

たとえば一九九八年五月十三日、イスラエルで行われた世界切手展に際して、ミクロネシア連邦が聖書の物語を題材に発行した切手シートの一枚（図15）は、知恵の木の影からアダムとイヴを見つめる蛇が描かれているが、いかにも南国風の風景になっている。

一五二一年三月六日、世界一周の航海の途にあったマゼランは、太平洋を航行中、三隻の船団を修理するため、三日間グアム島に寄港し、島民から薪水と食料を調達し、代わりに鉄を与えた。これが、ミクロネシアに西洋人が到来した最初の事例とされている。

一五六五年、スペインはグアム島を中心にミクロネシアのマリアナ諸島、パラオ諸島、カロリン諸島等からなる〝スペイン領東インド〟を成立させた。

スペイン統治から約一世紀が経った一六六八年、ディエゴ・ルイス・デ・サンビトレス神父率いるイエズス会の宣教師団がグアム島に上陸。宣教師たちは、カトリック教会を建設し、先住民のチャモロ人にメイズ（トウモロコシ）の栽培を教えたり、家畜を持ちこみ、その飼育法や皮のなめし方などを教えたりしたほか、洋服など西洋風の習慣を持ち込んだ。

その結果、一六六八年の一年間でチャモロ人一万三千人がキリスト教に改宗したが、キリスト教が浸透していくにつれ、在来の精霊信仰を〝偶像崇拝〟としてその禁止を主張する宣教師たちに対するチャモロ人の反発も強まった。これに対して、スペイン人はサイパン島やテニアン島などにも武力を伴う布教を拡大していったため、一六七〇年以降、各地で武力衝突が発生。一六七二年、親の反対を無視して赤ん坊に強引な洗礼を行った宣教師が殺されると、スペインは本格的な報復を開始し、戦乱はマリアナ全島に拡大した。いわゆる〝スペイン＝チャモロ戦争〟である。

スペイン軍は圧倒的な火力を用いてカトリックに反対する村々を焼き尽くし、住民を大量に虐殺したため、一六九五年にチャモロ人が降伏した時、十万人いたといわれるチャモロ人が五千人以下にまで減少してしまった。

この結果、ミクロネシアにおける伝統宗教は壊滅的な打撃を受け、住民の大多数が〝キリスト教化〟されたが、そこには土着の信仰の要素も一部組み込まれた。

一八九八年に勃発した米西戦争でスペインが敗北すると、スペインはグアムを米国に割譲したが、残りの南洋群島に関しては、一八九九年二月八日、ドイツに二千五百万ペセタ（千六百七十五万マルク）で売却されたが、これらの島々は、第一次世界大戦でドイツが敗れると、国際連盟による日本の委任統治領になった。

日本統治下のサイパンには小学校が設立され、日本語での学校教育が実施されたほか、サトウキビが導入され、経済開発も進められたが、住民の多くはスペイン時代、ドイツ時代からのキリスト教の信仰を維持し続けた。

第二次世界大戦の敗戦により日本が南洋群島から撤退すると、一九四七年、国連はミクロネシア地域を、
①ポンペイ（後、コスラエを分離）
②チューク
③ヤップ
④パラオ
⑤マーシャル諸島
⑥マリアナ諸島北部（サイパンなど）
に分け、米国の太平洋諸島信託統治領とする。

その後、一九七八年七月、ミクロネシア憲法が起草され、信託統治領下の六地域のうち、マーシャル諸島とパラオでは住民投票で否決されたものの、残りのチューク、ヤップ、ポンペイ、コスラエの四地域で可決されたため、一九七九年五月十日、同憲法の発効を受けて、これら四地域を構成州とする〝ミクロネシア連邦〟が創設された。さらに一九八六年十一月三日、ミクロネシア連邦は、国防と安全保障を米国に委託した自由連合盟約国として、事実上独立。一九九〇年十二月、国連安保理は信託統治の終了を宣言する。

なお、マーシャル諸島は、一九八六年、米国との自由連合盟約国として独立を果たし、パラオは、一九八一年に発足した自治政府としての〝パラオ共和国〟を経て、一九九四年十月一日、正式な独立を達成している。

一九九八年の切手シートは、こうした経緯を経て誕生した〝キリスト教国〟としてのミクロネシア連邦が発行したものだが、アダムとイヴが暮らす〝エデンの園〟は、ヤシの木が生える南国の砂浜のイメージで表現されているほか、二人は短身痩躯で褐色の肌に黒髪という、ミクロネシアの人々の相貌で描かれ、木陰から蛇が眺める構図が取られている。別のシートでは、楽園から追放されるアダムとイヴはイチジクの葉ではなく、腰蓑をつけて海の方へ向かって歩く二人が描かれるなど、物語の設定にはかなり土着の要素が盛り込

まれていることがわかる。逆にいえば、そうした土着の要素と併存することによって、キリスト教はミクロネシア地域での定着に成功したと言えるのかもしれない。

人類の悲劇

本章の最後に、二〇一〇年五月三日、ハンガリー文学の巨匠、イムレ・マダーチの詩劇『人間の悲劇』を題材に発行された切手シート（図16）を紹介しておこう。

イムレ・マダーチは、一八二三年一月二十一日アルショーストゥレゴワ、地方貴族の家庭に生まれ、ブダペストで法律を学んだ後に故郷に

図16　イムレ・マダーチの『人間の悲劇』を題材にしたハンガリーの切手シート。2010年の“青少年向け切手”として発行された。

戻り、進歩的貴族として政治活動を展開したほか、地方政界の保守性を告発する執筆活動も行った。

一八四八年の革命には病弱なために参加できなかったが、弟、妹夫婦を失っただけでなく、コシュートの秘書を匿った罪で自身も一年間服役。さらに、下獄したことがきっかけで結婚生活も破綻したこともあって、厭世主義にとらわれ、隠遁生活を送る中で詩劇『人間の悲劇』を発表した。

『人間の悲劇』は、天地創造後にエデンの園に置かれた原初の人間であるアダムと、人類の抹殺を目論む堕天使ルシファー（後のサタン）の物語で、一九八四年に映画化された際には、ルシファーを白衣の美少年が演じているが、切手では「創世記」のイメージに合わせて、蛇に変化した姿で表現されている。

『人間の悲劇』のルシファーは、アダムとイヴを楽園から追放するという明確な意図をもってイヴに知恵の実を食べるよう勧め、その目論見通り、二人は楽園から追放される。

その後地上に降り、洞窟でイヴと暮らし始めたアダムは、ルシファーから現在の心境を問われ、「神は私を見捨てた」、「身一つで不毛の地に追いやられた」といい、「私も神を捨てる」と応えるも、自分が苦しみ、戦わなければならなくなった理由が知りたいとルシファーに頼む。もし、自分たちの子孫の未来が明るいものになるのなら、苦労のしがいがあると考えたからだ。

そこで、ルシファーは呪文をかけ、遠い未来まで見せてやると約束。彼が「葉が生まれるように人も生まれる。寒風が枯葉を一掃しても、美しい春が戻ってくれば、森には再び新たな葉が宿る。人間だとて同じ。一方が興隆すれば、他方は衰退する」というと、アダムとイヴは枯葉に埋もれ、深い眠りについた。

アダムは夢の中で

①エジプトの若きファラオとして体制の変革に失敗し

②都市国家アテネの英雄ミルティアデスとして国家への背信で処刑され

③ローマ帝国の酒池肉林の宴に溺れ

④ビザンティウムではガリラヤ公タンクレードとして堕落した狭義のキリスト宗派に深く失望し

⑤プラハでは天文学者ケプラーとして科学の限界に悩み

⑥フランス革命下の政治家ダントンとして英雄になるものの断頭台の露と消え

⑦産業革命期のロンドン（原作では〝現代〟）では一市民として凡庸な生活を送ることに耐えられず

⑧未来の社会主義的な社会では旅行者として、個人の存在を否定し、芸術を無駄としか考えない共同体に辟易し

⑨最後に見せられた遠い未来では、絶滅寸前の退化した人類に絶望する（知恵の実の場面に加え、切手シートに取り上げられているのは、このうちの③、⑤、⑦である）。

自らの子孫の行き着く先を見せられたアダムは、崖

から飛び降りて自殺しようとするが、イヴの懐妊を知り、地面に跪いて神に赦しを乞う。すると神は、「汝人間よ、努力せよ。信仰を持ち、信頼せよ」と声をかけ、アダムとイヴは生きる意欲を取り戻す。

『人間の悲劇』のテーマを極めて大雑把に要約するなら、さまざまな苦難に直面し、心が折れそうになっても、最終的に人間は未来に向かって生きていかねばならないということになろうか。

作者のイムレ・マダーチは一八六四年に亡くなったが、そこから半世紀以上が過ぎた一九一八年、ハンガリーはハプスブルク帝国から分離されて独立を達成する。しかし、その領土は大きく削られてしまい、旧領の回復を目指して、第二次世界大戦では枢軸陣営に参加したものの、戦後は長らく社会主義政権の圧政下に置かれる不幸に見舞われ、一九八九年、ようやくハンガリーの民主化が達成された。

『人間の悲劇』は決して予言の書として書かれたものではないが、結果として、ハンガリー近現代史の輪郭をある程度予期していたのではないかと思わせるイムレの慧眼には改めて驚かされるばかりである。

第7章　蛇と戦争

アダムとイヴが楽園から追放されて以来、西欧では蛇は邪悪な存在として憎むべき敵を戯画化して描く場合に用いられる一方、その生命力や力強さから自軍の旗印に使われることも少なくなかった。このため、〝戦争〟においてはさまざまなスタイルの蛇が登場することになる。

米国のガズデン旗

米国では、独立戦争の時代から近年の大統領選挙（図1）に至るまで、〝DONT TREAD ON ME（私を踏みつけるな＝我々の自由と権利を蹂躙するな）〟もしくはそれに類する標語とともに、不屈の象徴としてのガラガラヘビを描く〝ガズデン旗〟のデザインが広く使われている。

図1　2024年の米国大統領選挙に際して、トランプ支持者が作った宣伝用のステッカー。民主党政権はリベラルな価値観を押し付けて国民の自由を制限しており、それに抵抗して国民の自由を守るのがトランプだとの主張から、ガズデン旗を模したデザインが採用されている。

DONT
TREAD ON ME
HEROES AT BUNKER
FIGHTING UNDER OUR COUNTRY'S
FIRST FLAG, THE RATTLESNAKE FLAG.

図２　ガズデン旗を掲げて英国と戦う北米植民地軍を描く絵葉書。

ガラガラヘビは南北アメリカ大陸を代表する蛇で、普段はおとなしく自ら攻撃を仕掛けることはないが、ひとたび攻撃されると反撃に転じる毒蛇であることから、とぐろを巻き、いつでも反撃できるように威嚇しているガラガラヘビのデザインは、自由を踏み躙る者への抵抗を示すものとして生まれた。

その由来は、一七七五年の第二次大陸会議にまでさかのぼる。

一七七五年四月十九日、レキシントン・コンコードの戦いで米国独立戦争の火ぶたが切って落とされると、北米十三州の植民地は五月十日、英本国の高圧的な植民地経営に対抗すべく第二次大陸会議が招集された。

大英帝国という遙かに強力な敵との戦いにおいて、大陸会議は十三州による軍事同盟の意志決定機関となり、ボストンに駐在する英軍兵士に武器や食料が補給されることを阻止するため、同年十月十三日、北米植民地として最初の軍船を造ることを承認し、大陸海軍が創設されることになった。これが、現在の米海軍の起源である。

第二次大陸会議は海軍の最初の作戦において、海兵隊五個中隊の編成を承認したが、フィラデルフィアで編成された最初の海兵隊は、とぐろを巻くガラガラヘビと〝Don't Tread On Me〟の標語が書かれた、黄色い太鼓を携行していた。大陸会議のサウスカロライナ代表で、サウスカロライナ第一民兵連隊の大佐として海軍最初の戦いに参加したクリストファー・ガズデンはこれを旗としてデザインし直し、黄色い背景にガラガラヘビを描く〝ガズデン旗〟を考案する（図2）。

一七七五年十二月、ガズデンは司令官のエセク・ホプキンス提督にこの旗を進呈。それが旗艦のメインマストに掲げられたのが、ガズデン旗の始まりである。

一七七六年一月八日、最初のガズデン旗をアレンジしたものとして、北米十三州を象徴する赤白十三本の縞模様の中心にガラガラヘビと〝DONT TREAD ON ME〟の標語を入れたデザインの国籍旗が採用された。こちらは、正規の米海軍旗としては最初のものとして、〝ファースト・ネイヴィ・ジャック〟（図3）と呼ばれる。

ファースト・ネイヴィ・ジャックは、独立戦争中の一七七七年六月十四日、紺地に白抜きの星十三個を配した新たなデザインの国籍旗に変更されたが、一九七五年から七六年の建国二百周年記念祭の時に期間限定で復活。さらに、一九八〇年以降、海軍最古の現役艦艇に限って掲揚されることになった。

なお、ファースト・ネイヴィ・ジャックは、同時多発テロ・対テロ戦争から一年が過ぎた二〇〇二年九月十一日から、対テロ戦争が一応の収束を見た二〇一九年まで、全艦艇の国籍旗として使われていたが、現在では、再び海軍最古の現役艦艇に限って掲揚されている。

図３　ファースト・ネイヴィ・ジャックを描く米国切手。

南北戦争と蛇

日本人の感覚からすると違和感があるのだが、米国人の中には、さまざまな宣伝内容のイラストや文面の入った封筒を私信などに用いる人が少なくない。ここで宣伝の対象となっているのは、新商品やイベントの案内などにとどまらず、政治的な主義主張や選挙で支持する候補者の応援／反対する候補者への攻撃に至るまで、実に多種多様である。これは、郵便物が配達先に届けられるまでの間に、そうしたイラストや文言が多くの人の目に触れることで、一定の宣伝効果が挙げられるという発想に基づいている。実際、この種の封筒は、広告カバー（advertising cover. ここでいうカバーは封筒の意味）と呼ばれており、メディアとしての郵便という発想が、アメリカ社会で根付いていることがうかがえる。

さて、そうした広告カバーの中でも、特に戦時下において戦意を高揚させ、愛国心を鼓舞する目的で制作・使用されるものが愛国カバー（patriotic cover）で、南北戦争以来、時代に応じてさまざまな種類の愛国カバーが制作され、使用されている。

愛国カバーに用いられる封筒は、政府や公的機関が作成するということはほとんどなく、たいていは民間業者が販売を目的として制作したものだ。このため、それぞれの業者は、より多くの売上を得るために激しい競争を展開し、封筒のデザインや文言にもさまざまな趣向を凝らしている。商品の主流は、戦争の大義を掲げたり、合衆国軍の偉大さをアピールしたりするなど、ポジティブな内容のものが多いが、見る者により強いインパクトを与えるため、敵国とその指導者を揶揄し、俗語や卑語、さらには差別的な表現などが用いられているものや、どぎついイラストのものもしばしば見られる。

しかし、国家の名において発行されるがゆえに、一定の品位や節度を要求される切手が、ともすると優等生的すぎて、何重にもオブラートに包まれた表現しかできないのに対して、愛国カバーからは、国家の公式な言説からこぼれ落ちた、人々の生の感覚を感じ取ることも可能であり、その意味では、非常に興味深い資料ともいえる。

南北戦争の愛国カバーでは、合衆国を離脱したアメリカ連合（南部連合）を蛇に見立てて揶揄するだけでなく、彼らが蛇によって苛まれているイラストのものも少なくない。

一八三三年八月二十三日、英国で奴隷制度廃止法が成立し、翌一八三四年八月一日、大英帝国の全域ですべての奴隷が解放されると、米国でも奴隷制の是非をめぐる議論がさかんになった。一八六〇年十一月の大統領選挙では、奴隷制の拡大に反対していた共和党のエイブラハム・リンカーンが当選。この時点では、リンカーン自身は奴隷制の即時廃止を考えていたわけではないが、南部では、奴隷の労働力に依存する大規模農場が重要な位置を占めていたこともあり、共和党政権の発足への不安が急速に拡大した。

こうした中で、一八六〇年十二月、サウスカロライナ州は議会を招集して連邦離脱令を可決し、合衆国からの脱退を宣言する。

図4は、そのことを踏まえて作られた愛国カバーで、〝サウスカロライナ追悼〟の表示がある絞首台に星条

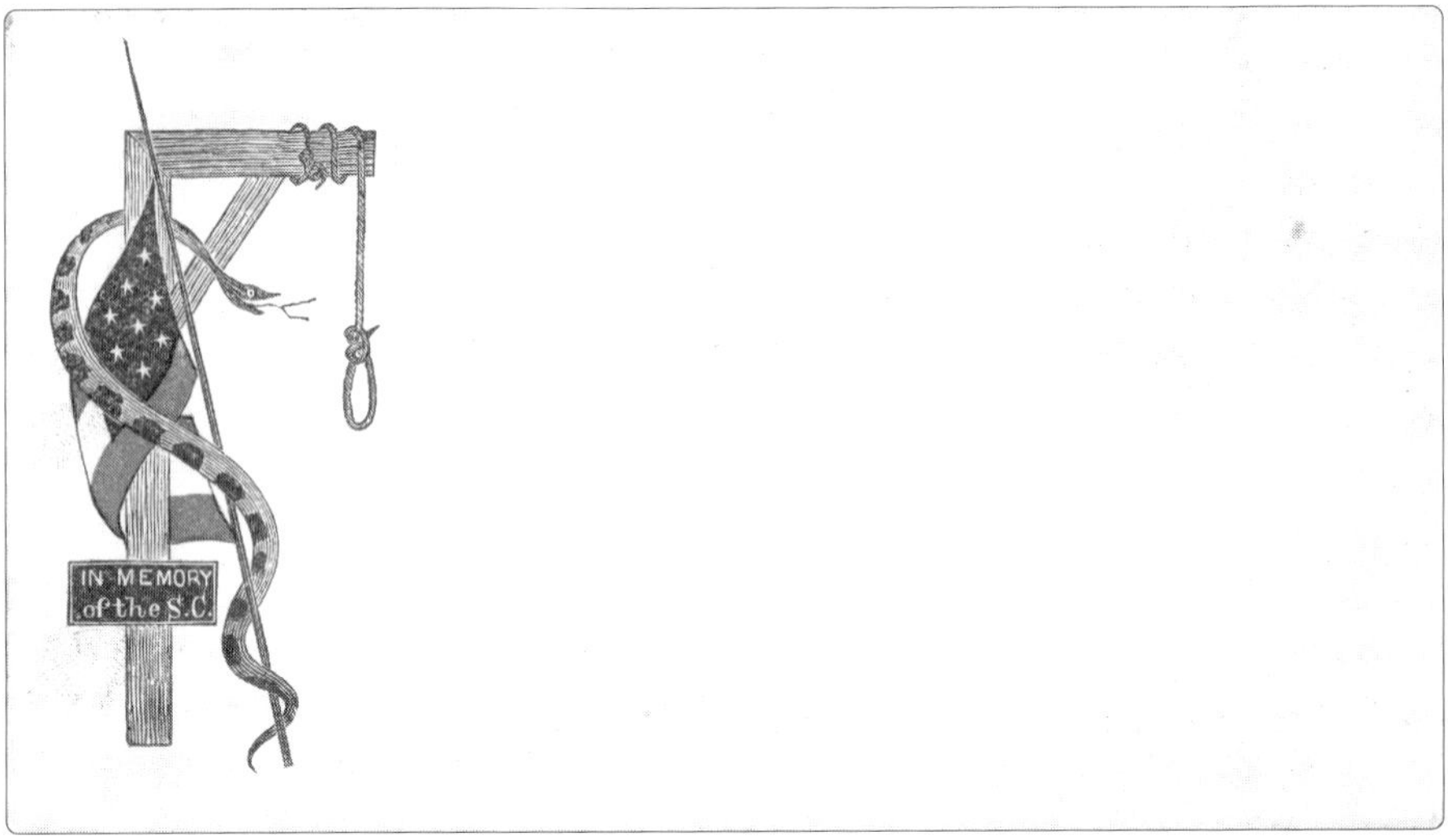

図４ “サウスカロライナ追悼”の表示がある絞首台を描いた愛国カバー。

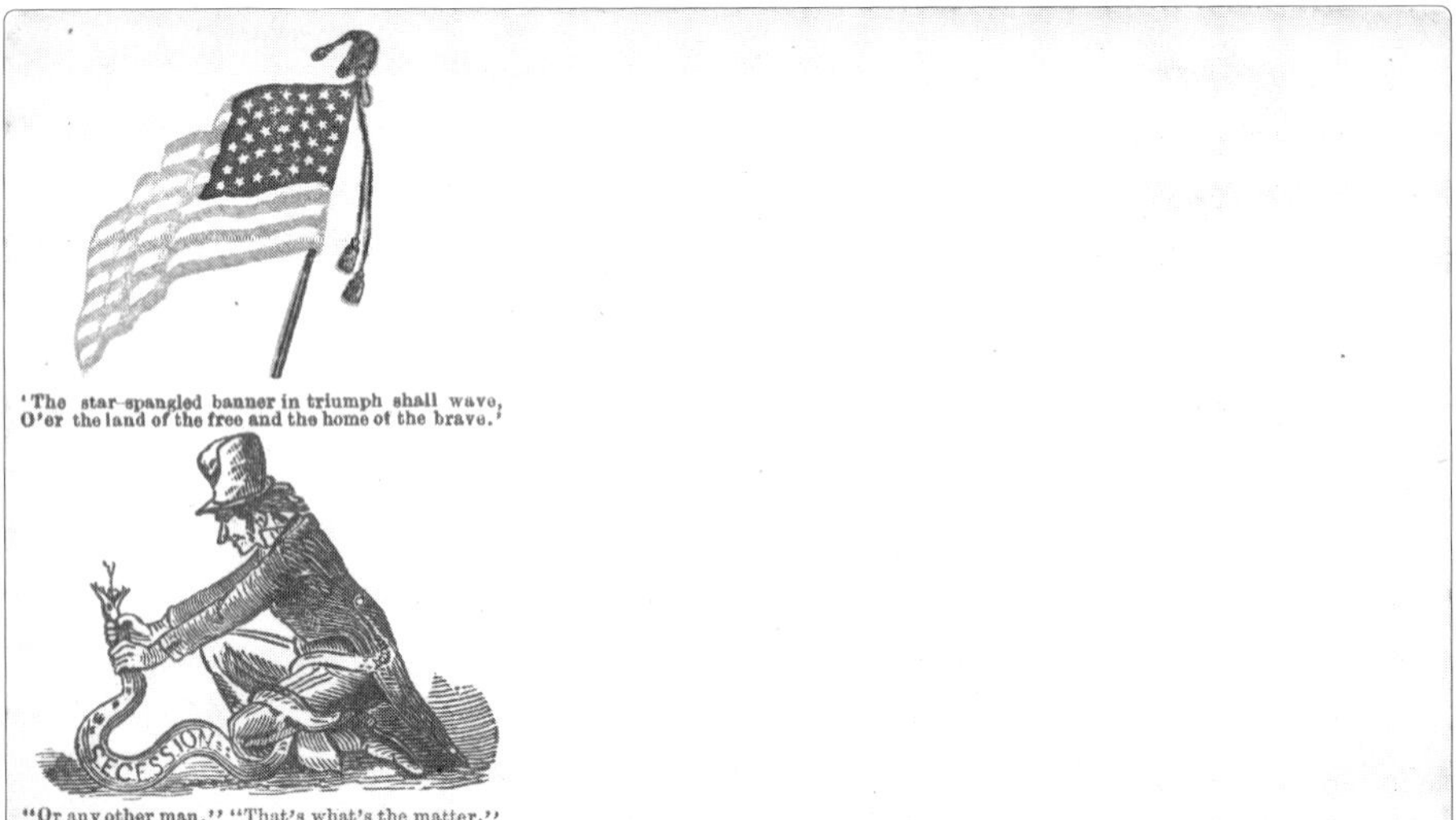

図５ 星条旗の下で、“離脱”の文言がある蛇を締め上げるアンクル・サムのイラストがある愛国カバー。

旗を掲げた蛇が絡みつき、首括りの輪を眺めているイラストが描かれており、他州に先駆けて合衆国を離脱したサウスカロライナは、死によってその罪を償えという強烈なメッセージが発信されている。

南部諸州が合衆国から離脱する姿勢を見せたのに対して、北部諸州は連邦の統一を主張してこれに反対。年が明けた一八六一年一月十一日、ニューヨーク州議会は、同州裁判所から送られた反離脱連邦決議（Anti-Secession Ordinance）を自主的に可決して合衆国の統一を維持しようとする連邦政府の意志を支持し、他の北部諸州もこれに従って国家分裂に反対の姿勢を示した。

これに対して、一八六一年二月初旬までに、ミシシッピ州、フロリダ州、アラバマ州、ジョージア州、ルイジアナ州、テキサス州も合衆国からの脱退を宣言し、二月四日には、これら七州によって〝アメリカ連合国（以下、南部連合）〟が結成された。

この南部連合に参加した諸州は、北部では〝分離・離脱（派）〟を意味する〝Secession〟と呼ばれたが、愛国カバーでは、この Secession の文字が記された蛇をアンクル・サムが懲らしめる風刺画が盛んに作られている。

たとえば図5は星条旗の下に〝離脱〟の文言がある蛇を締め上げるアンクル・サムのイラストを描いた愛国カバーで、アンクル・サムの頭上には米国の国歌「星条旗よ永遠なれ」の一節「勝利の歓喜の中、星条旗は翻る　自由の地　勇者の故郷の上に（the star-spangled banner in triumph shall wave, O'er the land of the free and the home of the brave!）」も印刷されている。

一八六一年二月四日に合衆国からの離脱を宣言した南部連合は、同九日、アラバマ州のモンゴメリーで暫定的に設置された〝連合国憲法制定会議（南部連合の事実上の準備政府）〟でミシシッピ州の連邦上院議員を辞職したばかりのジェファーソン・デイヴィス（図6）を暫定大統領に指名する。

デイヴィスは、一八〇八年六月三日、ケンタッキー州生まれ。一家は、ルイジアナ州、ミシシッピ州を経て一八一三年にミシシッピ州に定住し、デイヴィスもミシシッピ州民として育った。一八二八年六月、陸軍士官学校を卒業。一八三二年、ブラック・ホーク戦争（合衆国に領土を奪われたソーク族の抵抗戦争。ブラック・

図6　ジェファーソン・デイヴィス

ホークは酋長の名）が勃発すると、直接戦闘には参加しなかったが、上官であるザカリー・テーラー大佐（後の大統領）の命令で捕縛されたブラック・ホークの護送役を務めた。その縁で、テイラーの娘であるサラ・ノックス・テイラーと恋仲になり、一八三五年に除隊後、サラと駆け落ち同然に結婚したが、サラはマラリアを患って早世した。

妻の死後は周囲との接触を断ち、政治学と歴史学に耽溺していたが、一八四三年、兄と同じ民主党に入党して政治活動を開始。同年に行われた連邦下院選挙にミシシッピ州から出馬して落選したが、翌一八四四年の下院議員選挙に当選して国政デビューを果たした。

一八四六年、米墨（メキシコ）戦争が勃発すると、議員を辞職してミシシッピ州の義勇軍（州軍）に志願し、義勇軍大佐としてミシシッピ・ライフル兵連隊を指揮。一八四七年二月二十二日、両軍の決戦となったブエナ・ビスタの戦いでは自身も足を負傷しながらも兵を鼓舞して、メキシコ軍に決定的な打撃を与えることに貢献し、ジェームズ・ポーク大統領から高く評価された。

米墨戦争後は上院軍事委員会の委員長に就任。一八五二年の大統領選挙では民主党のフランクリン・ピアースの選挙活動を支援し、ピアースが当選すると陸軍長官に就任。一八五六年には上院議員選に当選した。

デイヴィス本人は南部諸州の合衆国からの離脱は不要と考えていたが、合衆国は各州の集合体であるという考えから、各州が連邦から分離する権利は認めており、一八六一年一月、連邦上院において、ミシシッピ州代表として連邦からの分離を宣言し、決別演説を行って議員を辞職していた。

南部連合の長としてのデイヴィスは、当然のことながら、北部諸州では激しく攻撃され、彼を揶揄するイ

図7　ジェファーソン・デイヴィスを揶揄するイラストが描かれた愛国カバー。

ラストが描かれた愛国カバーも盛んに作られた（図7）。ジェファーソン・デイヴィスを大統領とする南部連合が発足したのに続き、一八六一年三月四日、リンカーンが合衆国大統領に就任した。

これを受けて南部連合は〝外交使節団〟を結成し、可能な限り合衆国からの平和的離脱を目指すべく交渉を行うとしていたが、使節団には南部諸州の〝再統合〟を交渉の対象とする権限が与えられておらず、連邦を維持したうえで、南部の自治権の拡大を認めることでの妥結を望んでいた合衆国政府との協議成立は事実上不可能であった。

その一方で、南部連合はP・G・T・ボーリガード大将を総司令官に指名し、密かに開戦に向けた準備を進めていた。ボーリガード大将はサウスカロライナ州のチャールストンに軍を集結させると、南部側の国境要塞で唯一南軍への合流を拒否していたサムター要塞の武力接収を政府に提案し、デイヴィスがそれに許可を与えたため、四月十二日、南軍は同要塞への攻撃を開始。南北戦争が勃発する。

南北戦争が勃発すると、五月までにヴァージニア州、アーカンソー州、テネシー州、ノースカロライナ州も南部連合に合流。連合国の首都もモンゴメリーからヴァージニア州のリッチモンドへと遷移した。ただし奴隷州でもデラウェア州、ケンタッキー州、メリーランド州、ミズーリ州、それにヴァージニア州の西部（後にヴァージニア州から〝独立〟してウェストヴァージニア州となる）は合衆国に残った。

南北戦争開戦時の北軍総司令官だったウィンフィールド・スコットは、戦争は長期化するとの判断から、ミシシッピ川と大西洋岸およびメキシコ湾の主要な港を抑え、続いてアトランタに侵攻するという〝アナコンダ計画〟（図８）を立てた。

スコットは、一七八六年、ヴァージニア州生まれ。弁護士を経てヴァージニア民兵隊で騎兵伍長、砲兵隊大尉を歴任し、一八一二年に勃発した米英戦争に従軍して英軍の捕虜になったが捕虜交換で釈放され、一八一四年七月、アメリカ軍第一旅団を率いてチッパワの

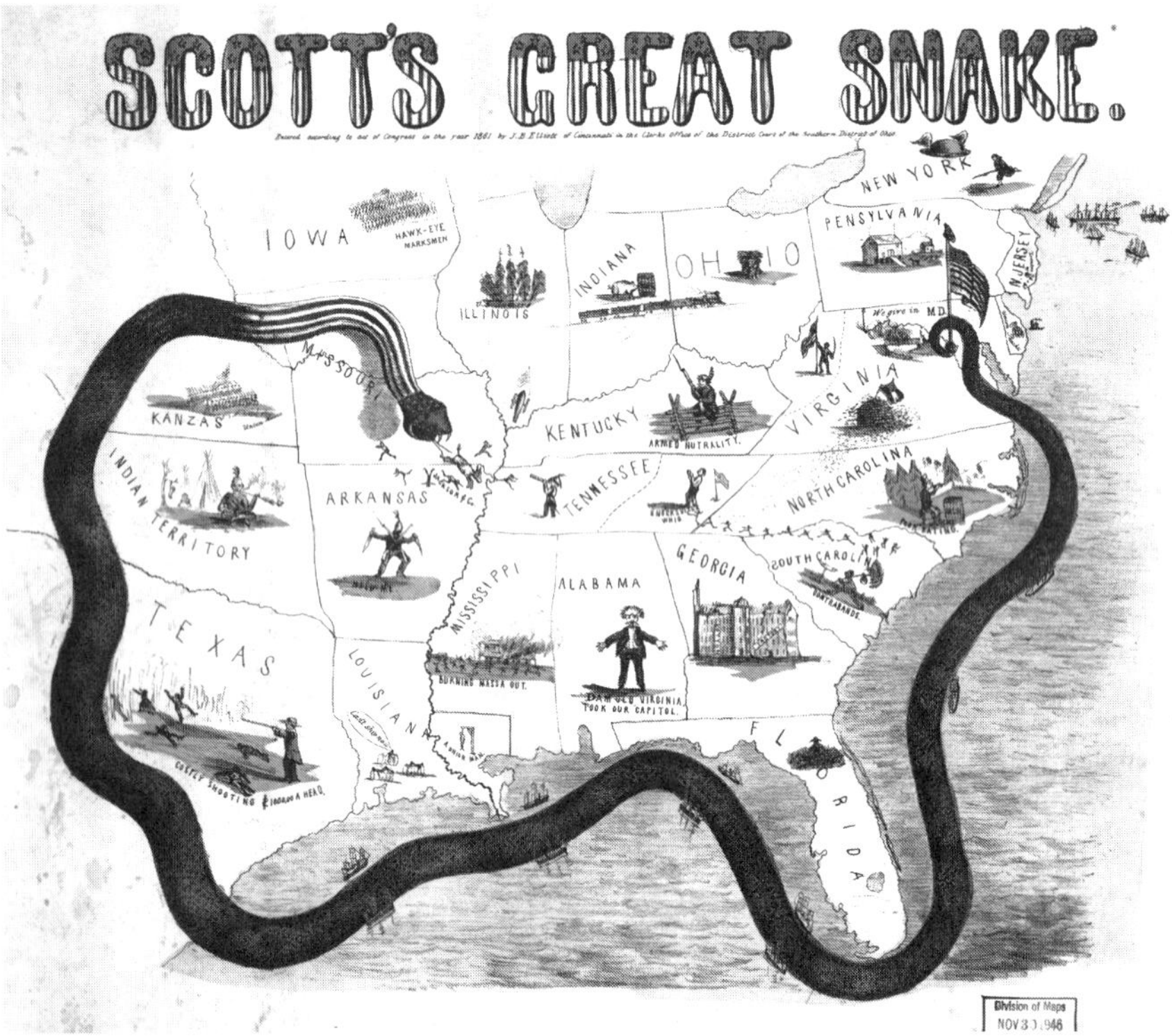

図８　アナコンダ計画を風刺した新聞漫画。

戦いで勝利を収めた。

一八三八年、アンドリュー・ジャクソン大統領の命令に従い、ジョージア州、ノースカロライナ州、テネシー州およびアラバマ州のチェロキー族インディアンの最初の移住を実行させた。また、一八三九年三月、メイン州と英領カナダのニューブランズウィック州との国境問題を解決し、その功績により少将（当時の米軍では最高位）に昇格。一八四一年には米陸軍総司令官となり、一八六一年までその地位にあった。

一八五二年には大統領選挙にも出馬したが、奴隷制反対を主張したため南部での支持が得られずに民主党のフランクリン・ピアースに敗退。一八五五年には議会の特別立法で名誉中将の位を与えられ、米国史上、ジョージ・ワシントンに次いで二人目の中将となった。スコットが南北戦争開戦直後に立案したアナコンダ計画は、その壮大さゆえに新聞では批判された。しかし、国力の面で合衆国に大きく差を付けられていたことを十分に理解していたジェファーソン・デイヴィスは、戦略的防御に徹し続けることが南部連合の独立を認めさせる唯一の方策であると考えて持久主義を基本路線

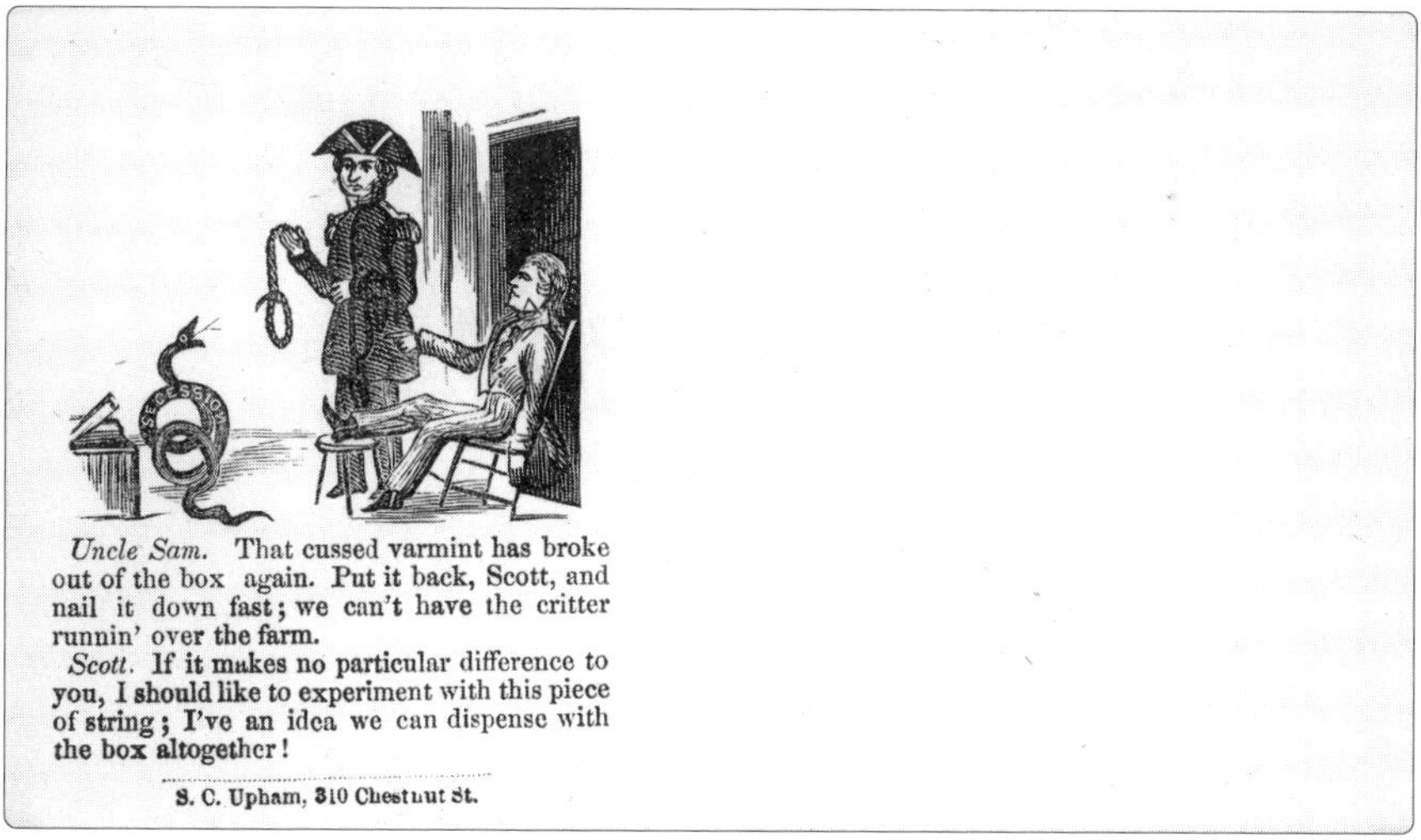
SECESSION
Uncle Sam. That cussed varmint has broke out of the box again. Put it back, Scott, and nail it down fast; we can't have the critter runnin' over the farm.
Scott. If it makes no particular difference to you, I should like to experiment with this piece of string; I've an idea we can dispense with the box altogether!
S. C. Upham, 310 Chestnut St.
図９ “離脱”の蛇を捕らえるよう、アンクル・サムがウィンフィールド・スコットに命じているイラストの描かれた愛国カバー。

とし、特に輸送路の要である首都リッチモンドの防衛を最優先課題としていたから、スコットの見立ては正しかったことになる。

結局、アナコンダ計画の概要は一八六一年にスコットが退役した後も継承され、北軍は西部戦線で南軍の港の封鎖に成功。ユリシーズ・グラントやウィリアム・シャーマンらの活躍によって、戦争は北軍の勝利に終わっている。

スコットが登場する愛国カバー（図9）の中には、〝離脱〟の文字が記された蛇が箱から逃げ出したので、アンクル・サムがウィンフィールド・スコット将軍（南北戦争初期の合衆国陸軍総司令官）に対して蛇を捕らえるよう命じているイラストを描いたものがある。

イラストでは、アンクル・サムが「忌々しい蛇がまた箱を壊して外に出て来たぞ。スコット、そいつを箱に戻して出てこないようにしてくれ。そいつには農場をはい回らせちゃいけないんだ」というのに対して、輪のついた縄を手にしたスコットが「特に違いがないなら、この紐を使って試してみたいことがあります。箱と蛇を同時に処分できるアイディアがあります」とのやり取りも記されている。

蛇になったカイザー

第一次世界大戦の直接的なきっかけは、一九一四年六月二十八日に発生したサライェヴォ事件（セルビア人の民族主義秘密組織〝黒手組〟のガブリロ・プリンチプが、サライェヴォ訪問中のオーストリア＝エステ大公のフランツ・フェルディナンドとゾフィー妃を暗殺した事件）だが、ドイツと他の列強諸国との関係が決定的に悪化したのは、一九一一年七月一日、ドイツが〝ドイツ人の保護〟を名目に、モロッコ南部のアガディール（実際にはドイツ人はいなかった）に軍艦を派遣し、フランスを威嚇した第二次モロッコ事件がきっかけになっている。

ドイツの理不尽な軍事行動は国際社会から非難され、フランスの投資家がドイツ市場から資金を引き揚げ、ドイツで株式市場が暴落する。

さらに事件をきっかけに、列強諸国は国民の支持を得て軍備拡充を本格化。一方、ドイツも一九一二年六月、戦艦の建造ペースを維持する〝第五次艦隊法〟を成立させ、陸軍の平時兵員目標数も増強した。

これに対して、ロシアと同盟を結んでいたフランスは、同年七月、ロシアの鉄道インフラ網に対して、軍事目的用に五十億フランの無利子借款を約束。ロシア帝国も独仏開戦時には、二週間以内に背後からドイツを攻撃することを約束した。さらに、同年十一月、ドイツと開戦した場合、フランス海軍は地中海へ集中し、英海軍は英仏海峡から北海に及ぶフランス北辺の防備を担当することが規定され、英仏協商は、事実上の軍事同盟となった。

一九一三年になると、ドイツ議会は陸軍大増強法案の審議に際して、陸軍の要求よりも多額の予算を陸軍へ割り当てたが、フランスでも徴兵期間が二年から三年に延長された。さらに、フランスは普仏戦争で失ったアルザス＝ロレーヌの奪還を目指して対独軍事計画「プラン十七」を策定し、開戦直前の一九一四年四月には、英仏間で開戦時の兵站の詳細までを決めた極秘の〝W計画〟も策定され、ヨーロッパでの大規模戦争は避けられないという空気が濃厚になっていた。

こうした状況の下でサライェヴォ事件が発生し、オーストリアとセルビアの関係が極度に悪化。事件から一ヵ月後の七月二十八日にはオーストリアがセルビアに宣戦布告したのを皮切りに、各国が参戦することで第一次世界大戦が勃発する。

このような経緯があったため、第一次世界大戦の開戦直後の一九一四年八月、英国の作家・社会評論家のハーバート・ジョージ・ウェルズはロンドンの新聞紙に幾つかの記事を発表（後に*The War That Will End War*『戦争を終わらせる戦争』という題で書籍化）し、戦争を起こしたとして中央同盟国を非難し、ドイツの軍国主義の敗北のみが戦争の終結をもたらすと主張した。

この文脈に沿って、軍国主義ドイツの象徴としてのピッケルハウベ（頭頂部にスパイク状の頭立が付いたヘルメット）と悪蛇を組み合わせて揶揄するプロパガンダ絵葉書がフランスを中心に数多く作られた（図10、11）。また、そのカウンターとして、ドイツでも英仏など協商諸国を蛇に見立て、黒鷲（ドイツを象徴する動物として国章にも描かれている）がそれを食いちぎっている図像（図12）が作られることもあった。

そうした中で、鶏（フランスの象徴）に嚙みつこう

図10　カイザー（ドイツ皇帝）ヴィルヘルム２世の頭部を持った蛇が人骨の散乱する原野を徘徊する風刺画の絵葉書。

図11　ピッケルハウベを“クサリ蛇の巣”に見立てたフランスのプロパガンダ絵葉書。フランス語の“vipere”には、クサリ蛇の他、“腹黒い人”の意味もある。

とした毒蛇（に見立てられたドイツ）が、フランスの陸軍総司令官ジョゼフ・ジョフルの頭が付いたやすりによって阻まれている風刺画を取り上げた絵葉書（図13）は、列強諸国と動物の比喩を考えるうえでなかなか興味深い。

フランス人の祖先にあたるガリア人を意味するラテン語の単語は〝Gallus〟だが、この語には雄鶏という意味もあるため、同音異義語の言葉遊びとして、いつしか雄鶏はガリア人のシンボルとして用いられるようになったと考えられている。

図12　ドイツで制作された〝戦争を終わらせるためのチャリティ〟のラベルには、蛇に見立てられた協商諸国を食いちぎるドイツの黒鷲が描かれている。

やがて、現在のフランス国家に相当する地域にキリスト教が普及すると、雄鶏は教会の鐘楼の装飾に使われるようになった。鐘楼には周辺一帯に時刻を告げる役割もあったため、日の出に合わせて鳴く雄鶏の行動はうってつけだったし、臆病とされるニワトリの性質も〝警戒心の象徴〟として好意的に受け止められ、フランスにおけるニワトリは次第に宗教的なシンボルになっていった。

一七八九年のフランス革命でブルボン王朝が廃されると、フランス共和国はブルボン家の紋章に代わって、〝ガリア雄鶏〟をデザインした国章を採用。これにより、ガリアの雄鶏は、三色旗とともに、フランスの共和制を象徴するシンボルの一つとなった。

ところが、一八〇四年に皇帝となったナポレオン一世は、軍事大国としてのフランス帝国の象徴としては、雄鶏には強いイメージがないとして、シンボルを鷲に変更する。

その後、一八一五年の王政復古を経て、一八三〇年

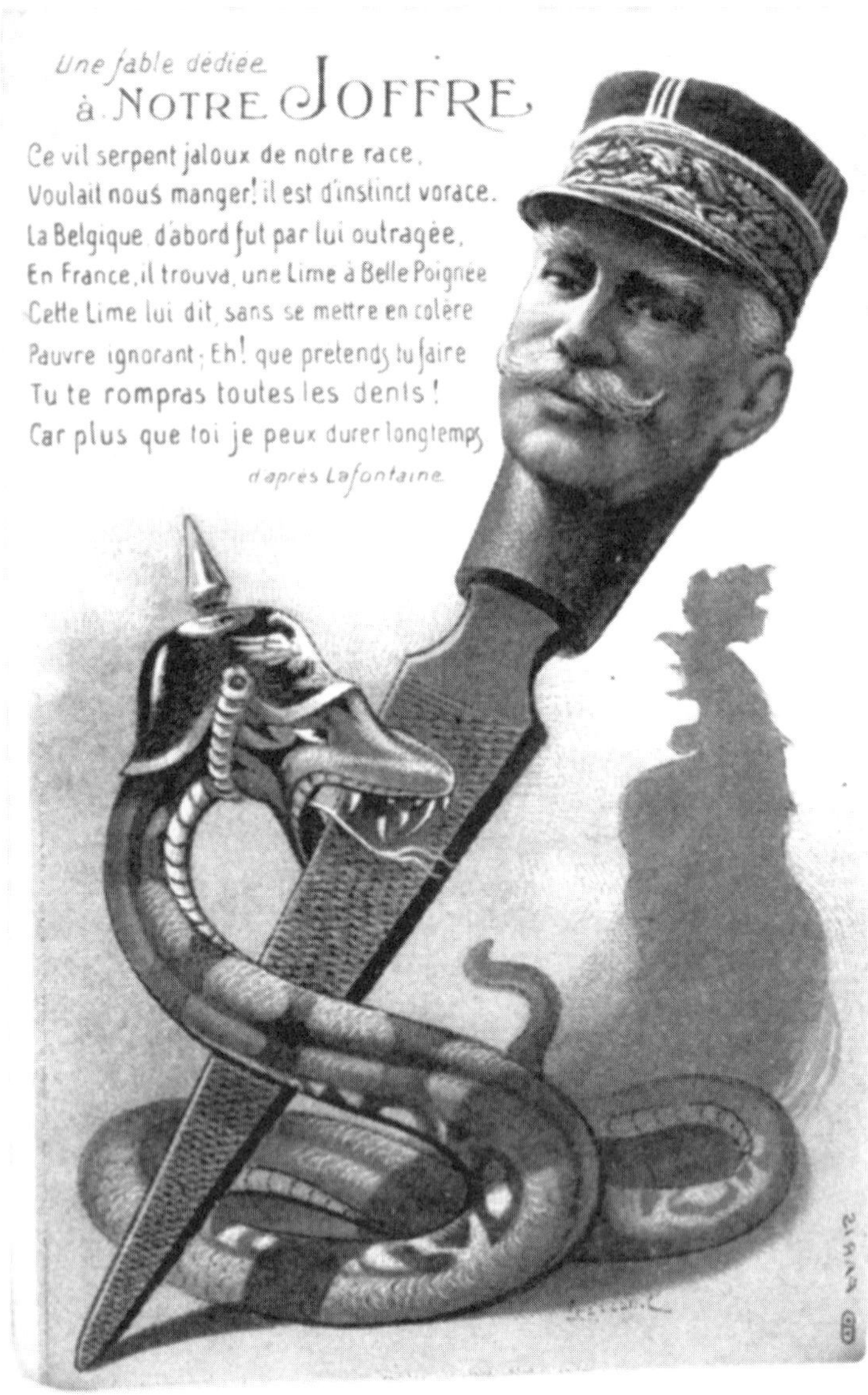
Une fable dédiée
à NOTRE JOFFRE
Ce vil serpent jaloux de notre race,
Voulait nous manger! il est d'instinct vorace.
La Belgique d'abord fut par lui outragée,
En France, il trouva, une Lime à Belle Poignée
Cette Lime lui dit, sans se mettre en colère
Pauvre ignorant; Eh! que prétends tu faire
Tu te rompras toutes les dents!
Car plus que toi je peux durer longtemps
d'après Lafontaine

図 13　ドイツの毒牙からジョフレ将軍がフランスを守っているとの趣旨のイラストが印刷された絵葉書。

の七月革命で立憲君主制の時代になると、ガリアの雄鶏のイメージも復活したが、一八四八年の二月革命を経て、一八五二年からナポレオン三世による第二帝政が始まると、ナポレオン三世は偉大なる伯父に倣って、またしてもガリアの雄鶏を排除してしまう。

しかし、一八七〇年に第二帝政が崩壊し、第三共和政の時代になると、徐々にガリアの雄鶏も復権。一八九九年以降は二十フラン金貨のモチーフにも採用されたことで、ガリアの雄鶏はフランスの象徴として国際的な認知度も高まった。

さらに、第一次世界大戦でフランスがドイツと戦うことになった際、ドイツの黒鷲（図11の絵葉書では毒蛇だが）に対抗するものとして、ガリアの雄鶏には「農耕民族としての起源をもち、誇り高く、自らの主張がはっきりしていて勇敢で、多産・多作なフランス人」の象徴という意味が明確に付与されるようになり、それは現在まで受け継がれている。

一方、ドイツの毒蛇から鶏を守っているジョゼフ・ジャック・セゼール・ジョフルは、一八五二年一月十二日、スペインとの国境に近いリヴザルトでカタルーニャ人の家庭に生まれた。

一八六九年にエコール・ポリテクニークを卒業後、陸軍に少尉として任官。砲兵連隊に配属され、翌一八七〇年に勃発した普仏戦争ではパリ攻囲戦に従軍した後、一八七一年、工兵連隊所属になり、戦後はパリ城壁の再構築やモントリニョンの要塞建築に携わった。

一八八五年からは台湾に赴任し、清仏戦争の最中トンキンに赴任。一八八八年に少佐に昇進し、一八九二年にフランス領スーダン（現マリ）へ転属。一八九四年一月に発生した〝グンダムの虐殺（フランス軍がグンダムの駐屯地とトンブクトゥを往復する間に、遊牧民トゥアレグ人の宿営地で五百頭の羊を半ば強制的に徴発したため、トゥアレグ人が報復のためフランス軍駐屯地を襲撃し、十一名の将校と二名の下士官、六十八名のアフリカ狙撃兵と通訳が殺害された事件）〟を受けて、救援部隊を率いてグンダムとトンブクトゥを奪還したことで中佐に昇進。一八九五年、マダガスカルでジョゼフ・ガリエニ将軍の元、ディエゴ・スアレス要塞の担当となった。

その後将官として、ヴァンセンヌの第十九騎兵旅団長（一九〇三年）、陸軍省工兵局長（一九〇四年）、パリの第六歩兵師団長（一九〇六年）、陸軍士官学校監察官（一九〇七年）などを経て、一九一〇年には戦争最高顧問に就任して対独戦の作戦策定に関わった。

一九一一年、ガリエニ将軍の推薦を得てフランス陸軍最高司令官に就任。同年〝第二次モロッコ事件〟が発生すると、その時の経験から、最高司令官として陸軍の刷新に着手し、アルザス＝ロレーヌの奪還を目指す対独軍事計画「プラン十七」の策定を主導した。

開戦直前、議会で急進勢力が勢いを増すと、一時的に司令官の職を解任されたものの、第一次世界大戦が勃発すると復権し、プラン十七の下、フランス軍を率いてドイツと戦い、一九一四年九月、ベルギーを突破したドイツ軍をフランス軍がマルヌ河畔で食い止める〝マルヌの奇跡〟を起こして国民的な英雄になった。

図13の絵葉書では、こうしたことを踏まえて、ジョフルの脇には「この卑劣な蛇は、わが民族に嫉妬して、私たちを食べようとした！　この蛇は本能的に貪欲で、まずベルギーが襲撃された。ついで、蛇はフランスに襲い掛かろうとしたが、フランスは哀れで無知な毒蛇に抵抗し、蛇よりも後に生き延びる」という趣旨の文言が記されている。

なお、ジョフルは戦争が長期化し、ヴェルダンの戦いやソンム攻勢でフランス軍が大きな損害を受けたため、元帥の称号を得てニヴェルに最高司令官の座を譲り、戦後の一九一九年には退役。一九三一年に亡くなった。

共産主義者と蛇

第一次世界大戦中の一九一七年十一月、ロシアで社会主義革命が勃発し、ソヴィエト労農臨時政府（ボリシェヴィキ政権）が誕生した。

もともと列強諸国には、社会主義政権への嫌悪感があったところへ、同年十二月、ボリシェヴィキ政権が帝政時代の債務を一方的に破棄し、外交上の密約を曝露したうえ、翌一九一八年三月、無併合・無賠償の原則を掲げてドイツと単独講和を結んだことによって、列強諸国はボリシェヴィキ政権に対する敵意をあらわにし、干渉出兵を企図するようになった。

そうした中で、一九一八年五月、チェコ軍団がシベリア鉄道沿線のチェリヤビンスクで反乱を起こす。

第一次世界大戦中、チェコ人将兵はオーストリア軍の一員として大戦に参加し、ロシア軍と戦っていたが、もともとオーストリアからの独立を強く望んでいたチェコ人たちは、ヨーロッパ諸民族とドイツ人との戦いとしての第一次世界大戦を民族独立のための好機とみなしていたから、〝敵の敵〟であるロシアに投降する者が続出した。ロシア側は彼らを募兵してチェコ軍団を組織し、その規模は一九一八年には約十五万人にまで拡大していた。

チェコ軍団はその設立の経緯からして、反独墺感情がきわめて強く、それゆえ、ロシア帝国を打倒して単独講和を結んだボリシェヴィキ政権はドイツの手先であると認識していた。

一九一八年四月、シベリア経由でヨーロッパ戦線に向かう途中のチェコ軍団のメンバーが、移送中のドイツ・オーストリア軍の捕虜と小競り合いを起こし、それがチェコ軍団による反乱に発展。チェコ軍団はシベリア鉄道に沿って、当時、無政府状態になっていたサマラ＝イルクーツク間の地域を占拠した。これに対して、ボリシェヴィキ政権は連合国に対してチェコ軍団の武装解除を要求したが、連合国側はこれを拒否。逆に、「チェコ軍団がシベリア各地で殲滅されかかっている」として、チェコ軍団救出を大義名分として（図14）、ボリシェヴィキ政権に対する干渉出兵を行った。その当初の目的は、ボリシェヴィキ政権を打倒して連合国の一員として戦うロシア政府を樹立し、東部戦線にドイツ軍を釘付けにすることにあった。

こうして、英・仏・日・米・伊・中・カナダの連合諸国によって、チェコ軍団の救出を名目に、いわゆるシベリア出兵が開始された。すでに一九一八三月に陸戦隊をウラジオストックに上陸させていた日本軍は、シベリア東部三州への野心もあって、八月二日、「アメリカ合衆国の提議に応じ、シベリアにいるチェック軍（チェコ軍団）救援のために出兵する」との宣言を発し、八月十一日、第十二師団がウラジオストックに上陸。沿海州（ウスーリ）ならびに黒龍州（プリアムール）東部を九月十八日までに制圧し、さらに満洲からチタならびにザバイカル州へも進撃。以後、約七万人の日本軍が四年三ヵ月にわたってシベリアに駐留を続けた。

一方、米国は八月十九日に七千人の部隊をウラジオストクに上陸させ、チェコ軍が退避してくるのを待っていたが、肝心のチェコ軍は英仏の指揮の下、モスクワを攻略すべく西へ進んでいたため、米軍は行き場を失った。

さらに一九一八年十一月、ドイツが降伏して第一次世界大戦が終結すると、東部戦線を維持するという、連合諸国にとっての本来の出兵目的は意味も失われた。

シベリア各地で反ボリシェヴィキ政権の内戦を戦っていた白軍（反革命軍）への支援としては、一九一八年九月、英仏がチェコ軍団占領下のオムスクでコルチャーク（帝政ロシア時代の黒海艦隊司令長官）を擁立して〝全ロシア臨時政府〟の成立を宣言したのに対して、日本はコサックのセミョーノフを支援していた。

しかし、一九一九年に入ると、白軍の諸勢力がボリシェヴィキ政権の赤軍により圧倒される

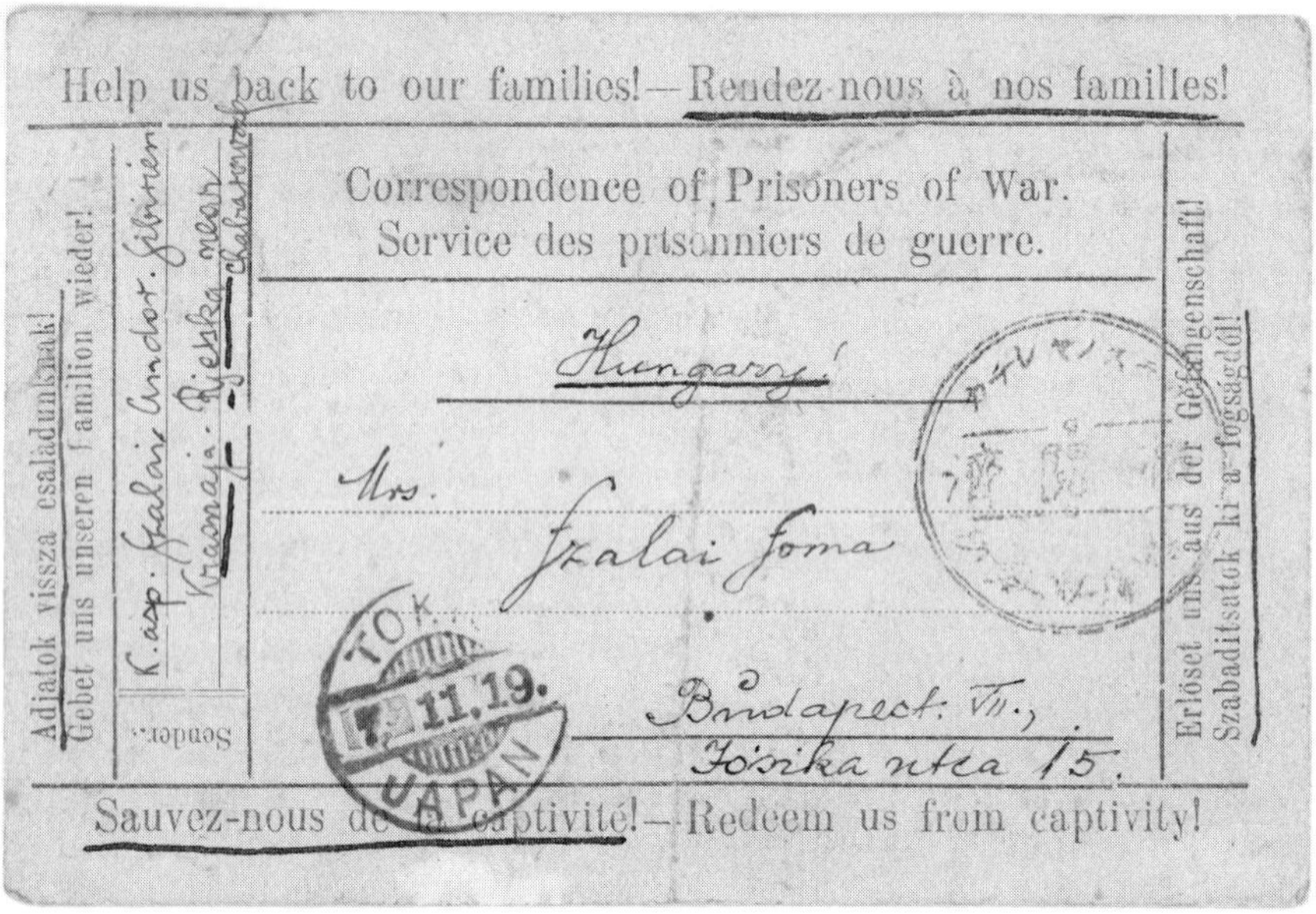

図14　1919年9月、シベリアのクラスノヤレチカ捕虜収容所からチェコ軍団の兵士が差し出した葉書。当時この収容所は、シベリアに出兵した日本軍の管理下に置かれていたため、日本軍の検閲を受け、東京を経由してブダペストまで届けられた。葉書の周囲には「私たちを家族のもとに戻してください」「私たちを囚われの身から救出してください」との内容の文面が英独仏の各国語で印刷されている。これは、チェコ軍団の救出という大義名分に照らして、囚われの身となったチェコ軍団の兵士が全世界に救いを求めるという形式を整えるためになされた措置である。

ようになり、同八月、英仏両国はコルチャックのオムスク政権を見捨てた。また、米国も日本軍の行動がシベリア東部三州の保護国化にあるのではないかとの懸念を強め、一九一九九月、日本に自主的な撤兵を要求した。

　結局、オムスク政権は一九二〇年一月に崩壊。これと前後して、一月八日、米国がシベリアからの撤兵を通告。日本政府はアメリカに駐留継続を要請したものの、同年二月には英仏も撤退を完了。一九二〇年六月に各国軍隊の撤退が完了した後も、日本だけはシベリアへの駐留を続け、ようやく一九二二年六月二十四日になって撤兵を宣言した。なお、日本軍の撤兵が完了したのは同年十月二十五日のことで、十一月十四日には赤軍がクリミアのウラーンゲリ軍を殲滅してロシアの内戦は終結。同年末にはソヴィエト社会主義共和国連邦（ソ連）が成立する。

　革命後の内戦と列強による干渉戦争の体験は、資本主義・帝国主義世界からの侵略に対して労働者が団結してソヴィエト・ロシアを防衛したというソ連の建国神話の基礎になったが、そうした価値観を表現したも

図 15　列強諸国の干渉を象徴する蛇と戦って祖国を防衛する労働者・兵士を描いたソ連のプロパガンダ絵葉書。

のとして、図15の絵葉書をご紹介したい。

絵葉書に取り上げられているのは、ボリシェヴィキ政権から第二次世界大戦までのソ連のプロパガンダ絵画を代表する画家で、風刺雑誌『ベズボージュニク』のチーフ・アーティストだったディミトリ・モールの作品で、地球に巻き付いた巨大な蛇が革命ロシアに襲い掛かっているが、ボリシェヴィキ政権を支持する労働者・兵士がそれに勇敢に立ち向かっている様が表現されている。また、イラストの下の文言は、「階級を近づけ、人々を解放しよう！　我々は恐るべき銃剣を手に、世界を取り囲む蛇の輪を突破するだろう。そして、雷は我々の敵の上に落ちるであろう」といった意味である。

この絵葉書では、共産ロシアに対する全世界の敵が蛇として表現されているわけだが、これとは逆に、ソ連や共産主義者を蛇に見立てて攻撃するプロパガンダも展開された。

図16は第二次世界大戦中の一九四二年にイタリアで制作された軍事郵便用の絵葉書だが、ソ連を七頭の蛇に見立て、独伊をはじめとする反共十字軍の兵士たちが蛇を打倒しているイラストがとりあげられている。

もともと、ムッソリーニ政権下のイタリアは西側諸国で最初にソ連を承認した国だったが、一九三四年にイタリア社会党と同共産党が統一行動協定を調印し、一九三五年七月のコミンテルン第七回大会で各国共産党が社会民主主義者やブルジョワ自由主義者などと幅広く連携する〝反ファシズム人民戦線〟を提起したことで関係が悪化。さらに、一九三六年六月に始まるスペインの内戦はフランコ派を支持する独伊と共和国政府を支持するソ連の事実上の代理戦争となり、一九三七年十一月、イタリアは日独防共協定に参加した。

一九三九年九月、ドイツがポーランドに侵攻して第二次欧州大戦が勃発するが、当初、イタリアは中立を保っていた。しかし、ドイツ軍が電撃作戦によって欧州の広大な範囲を占領すると、一九四〇年六月十日、英国の降伏による早期の終戦と枢軸国陣営の勝利を見込んで、英仏に宣戦を布告する。

そして、一九四一年六月二十二日、ドイツがバルバロッサ作戦と称してソ連との戦争を開始すると、フィンランド、ルーマニア、スロヴァキア、ハンガリー、

図16　第二次世界大戦中にイタリアが発行した“反共十字軍”のプロパガンダ絵葉書。

クロアチア、ブルガリアなどとともに、ソ連軍と戦うことになった。図16の絵葉書には、こうした枢軸陣営の団結によりソ連を打倒するという方針を、悪蛇退治というモチーフによって表現したものである。

一方、図17は、独ソ戦最中の一九四三年九月十三日、ドイツ軍政下のセルビアのスメデレフスカ・パランカからヴァリエヴォ宛の葉書で、現地の親独政権、セルビア救国政府によって発行された〝反ボリシェヴィキ〟の宣伝ラベルが貼られている。

第一次世界大戦後の一九一八年に結ばれたサン＝ジェルマン条約により、旧オーストリア＝ハンガリー帝国領の南スラヴ人地域はスロヴェニア人・クロアチア人・セルビア人国として分離された。この国はセルビア、モンテネグロとともに「セルブ・クロアート・スロヴェーン王国」を結成し、南西スラヴ人の統一国家が誕生する。

一九二九年、セルビア王アレクサンダル一世がクーデターを起こし、同国はユーゴスラビア王国に改組されるが、アレクサンダル一世はマケドニア人の民族主義組織・内部マケドニア革命組織に暗殺され、後継と

図17　第二次世界大戦中のドイツ軍政下のセルビアで使用された葉書。ヘラクレスの蛇退治を思わせる〝反ボリシェヴィキ〟の宣伝ラベルが貼られている。

なった摂政パヴレ・カラジョルジェヴィチはクロアチア人に対してクロアチア自治州の設置を認めたものの、民族間の不和は続き、混乱は収束しなかった。

第二次世界大戦中の一九四一年四月、ドイツとその同盟国はユーゴスラビア王国に侵攻。枢軸国に占領されるとユーゴスラビアの領土は以下のように解体された。

①クロアチア独立国（ファシズム組織ウスタシャの傀儡政権）：西部のクロアチア、スラヴォニア、ダルマチアの一部、およびボスニア・ヘルツェゴヴィナ

②イタリア占領地：西部のダルマチアの一部および南部のモンテネグロ、コソヴォ・メトヒヤ、マケドニア西部

③ハンガリーへ割譲：北西部のバチュカ

④ブルガリアへ割譲：中央セルビアの一部地域やヴァルダル・マケドニア地方

上記以外のセルビアの地域はドイツ軍の軍政下に置かれ、一九四一年四月三十日、ミラン・アチモヴィッチの下でナチスの傀儡政権としてセルビア救国政府が発足する。

救国政府の制作したラベルは、周囲に「ヨーロッパはボリシェヴィズム（の脅威）を知っており、勝利まで戦う」とのセルビア語の文言を配し、中央に、悪蛇と戦う勇者が描かれており、イタリアの絵葉書同様、打倒すべき敵としての共産主義を象徴するものとして悪蛇が用いられている。

反ユダヤ・反フリーメイソンのシンボル

ところで、図17のラベルを発行したセルビア救国政府の支配下では、一九四一年十月二十二日から〝反フリーメイソン博覧会〟が開催され、〝ユダヤと結託したフリーメイソン〟を打倒するとして、ダヴィデの星の模様がある蛇を光の手が押さえつけるデザインのもの（図18）を含む四種の寄付金付き切手が発行された。なお、切手を通じて集められた寄附金は反フリーメイソン宣伝の資金に使われている。

俗に言う〝ユダヤ陰謀論〟は、ユダヤ人が世界征服を企んでいるとするもので、近代以前のキリスト教世

界での反ユダヤ主義にその源流があるが、現在のようなかたちでのユダヤ陰謀論の原型は一九〇三年に「ユダヤの長老たちが世界征服に向けたプランを話し合った会議録」としてロシアの新聞に掲載された『シオン賢者の議定書』に求められる。

　後に同書は帝政ロシアの秘密警察が皇帝に対する民衆の不満をそらすために作った偽書で、内容についても全く根拠のない捏造であることが判明する。しかし、アドルフ・ヒトラーはこれを「偽書かも知れないが、内容は本当だ」と擁護し、反ユダヤ主義のプロパガンダに利用した。

図18　1941年にセルビアで発行された“反フリーメイソン博覧会”の寄付金付き切手。

　一方、フリーメイソンは米国を中心に全世界に六百万人の会員がいると言われている巨大組織で、世界最古で最大の友愛組織と言われるが、ある年代までは完全に秘密的な組織、アンダーグラウンドの組織だった。

　正確な創立年代は不明だが、十六世紀にはスコットランドにその前身となる団体があったことが確認されており、一般には一七一七年六月十四日に英国でグランドロッジ・オブ・イングランド（ＧＬＥ）が設立されたことをもって起源とされている。

　もともとフリーメイソンは石工組合の組織で、技術職の集団として外に技術を漏らさないことが重要で、そのための厳しい掟が設けられていた。その〝秘密保持〟の名残がフリーメイソンの秘密結社のイメージにも受け継がれており、現在なおフリーメイソンのシンボルマークとして使われている直角定規とコンパスの組み合わせも石工組合にルーツにあることの名残りである。

近代に入るとフリーメイソンの石工組合としての性格は薄れていくが、その一方で石工職人とは関係のない、貴族や知識人などの入会も増えていった。これが〝思弁的（思索的）メイソン〟と呼ばれる人々で、彼らによってフリーメイソンはそのネットワークを活かした友愛団体へと変質していく。

ところで、フリーメイソンは自由・平等・友愛・寛容・人道の五つを基本理念として掲げ、この理念のもとに宗教の枠を越えて活動しようという組織だったが、近代以前（フランス革命以前）のヨーロッパで「宗教の枠を越える」というのはかなりの〝危険思想〟であった。

十六世紀に宗教改革が始まって以来、西欧ではカトリックとプロテスタントは流血の闘争が常態化していたが、そうした状況のなかで、フリーメイソンは、互いの身分を伏せて、技術や知識を共有し、自由や平等のために情報交換をする友愛団体として活動していた。さらに、会員相互の互助組織として国際的に発展し、パリ、プラハ、ウィーンなどヨーロッパ各地にローカル組織のロッジ（支部）が設置され、会員は他の地域に出張しても支援を受けられるシステムが生まれた。

ところが、宗教の枠を超えて活動する、すなわち特定の宗教を持たずに理性・自由・平等などといった思想を掲げて活動するのは、フランス革命以前のヨーロッパでは社会体制の変革につながりかねない〝危険思想〟だった。

「特定の主義を持たない」、「宗教の枠を超える」という〝宗教の平等〟を掲げることは、ある特定の宗教が優越的な地位を持っている社会（たとえば、カトリックが圧倒的に社会的な優位を示していた十九世紀までのフランスなど）においては、必然的に多数派から敵視される要因になる。誤解を恐れずに言えば、極めて保守的なムスリム（イスラム教徒）が人口の九割以上を占めているような地域で、〝（彼らから見れば）偶像崇拝〟の仏教とイスラムとの間に信仰としての優劣はないとの主張を展開したら、どのような反応が返ってくるか、容易に想像がつくだろう。

フリーメイソンも教会の伝統・権威を否定する自由思想の団体だということでカトリックからは目の敵にされていた。

また、実際にフランス革命に影響を与えた啓蒙思想（人間の理性を尊重して宗教的・伝統的な権威などを否定する思想）は、フリーメイソンのロッジを通じて拡散した。また、革命の指導者の中にはフリーメイソンの会員も多かったし、革命を通じて政治権力を握った会員も少なくなかったため、革命で不利益を被った王族・貴族や大地主、カトリック教会などは、フリーメイソン陰謀論を展開するようになった。

一方、フリーメイソンの側もカトリック勢力が強い地域では弾圧を避けるため、秘密結社的な性格を強めざるを得なくなり、そのことがかえって陰謀論者の〝妄想〟を掻き立てる〝陰謀スパイラル〟に陥っていった。

なお、フリーメイソンは、会員資格として何らかの信仰を持っていることを要求しており、その結果として、ユダヤ教徒の会員も存在するが、ユダヤ（教）の組織ということはありえない。したがって、ユダヤ陰謀論とフリーメイソン陰謀論は、もともとは全く別のものだったが、いつしか〝陰謀〟というくくりで関連性のあるものとして語られるようになり、ユダヤ人迫害政策を推進したヒトラー政権もフリーメイソンをユダヤの関連団体とみなして弾圧し、親独政権下のセルビアでも、ナチスのフリーメイソン＝ユダヤ説に同調する空気が蔓延していたのである。

敵は国内にいる

第一次世界大戦以降の総力戦においては、実際に戦場で敵と相対する将兵だけでなく、銃後の国民を効率よく動員し、利敵行為を防ぐことが重要な課題となる。当人が敵国と通じてはいなくても、軍需工場に動員された労働者がサボタージュしたり、物資を横流ししたりすれば、それはそのまま戦争遂行の妨げになるし、不用意な言動から敵国のスパイに重要な情報が漏洩すれば防諜上も深刻な問題となる。

たとえば、図19は第二次世界大戦中の米国で作られた絵葉書だが、「蛇は草むらにいる！」との題字の下、不良品として廃棄された金属製品を隠匿しながら草の中に潜んでいる蛇と、それを見つけて困惑するミッキーマウスが描いている。ここでの蛇は、意図的かどうかはともかく、結果的に利敵行為を働いている米国

図19　ミッキーマウスを用いて、物資の不正な横流しを戒めた絵葉書。

市民を象徴している。

一九三九年九月の時点で、ディズニー・スタジオは収入の四五パーセントをドイツ、イタリア、オーストリア、ポーランド、チェコスロヴァキアなどの海外市場から得ていたが、大戦の勃発により重要な市場は閉鎖され、英仏からの送金も凍結されてしまった。また、米国の世論にも変化が生じ、ディズニーのおとぎ話に対する米国民の人気も下火になっていった。

こうした状況の中で、一九四一年、ローズヴェルト政権の財務長官だったヘンリー・モーゲンソーは、ディズニーに対して、政府の予算の使途を説明し、国民に納税意欲を増進させるための短編プロパガンダ映画『新しい精神（The New Spirit）』の制作を依頼し、経営に陰りが見えていたディズニーはそれを引き受けた。

翌一九四二年に公開された『新しい精神』では、ラジオを聴いていたドナルドが、米国の沿岸が敵から攻撃を受けたことを知り、ラジオは続けて「君の祖国はいま戦争をしている。君の祖国は銃のため、艦船のため、民主主義のため、枢軸国を打倒するため、税金を必要としている」と訴え、愛国心にかられたドナルドはカリフォルニアからワシントンまで直接納税しに行く。ドナルドが納めた税金はやがて軍事費になり、枢軸国の戦艦を破壊していくという内容である。『新しい精神』は三千二百万人以上が視聴し、視聴後は三七パーセントが税金を払うと応えたという。

この成功を受けて、翌一九四三年、ディズニー社は『四十三年の精神（The Spirit of '43）』を公開した。

『四十三年の精神』は、給料をもらったドナルドに、年寄りで節約家のアヒルが倹約と納税を勧めるところから始まる。これに対して、若く浪費家のアヒルはドナルドを酒場に誘うが、ドナルドがその顔をよく見ると、若いアヒルはヒトラーのような髪形でヒゲを生やしていた。その顔を見て自分の使命に気づいたドナルドは若いアヒルを殴り飛ばし、年寄りのアヒルとともに税金を払いに行き、その税金がやがて軍事費になって枢軸国の戦艦を撃沈する……という内容である。

『四十三年の精神』では、税金や国防献金で国家に協力せず、酒場で酒を飲むという日常生活の中の〝無駄遣い〟が結果的に枢軸国を助けていると国民に呼びかけるもので、国民の油断が米国を危機に陥れ、敵を利することになるものであると戒めている点では「蛇は草むらにいる！」の葉書と同様の発想と言ってよいだろう。

また、戦時下における情報統制の一環として、一般国民の不注意から敵のスパイに情報が漏洩することを戒める防諜宣伝の切手や葉書、ポスターなどは各国でさまざまな種類のものが作られているが、そうした中でも、〝草むらに潜むコブラ〟のデザインを印象的に用いた一点として、一九四三年頃に南アフリカで制作されたプロパガンダ・ラベル（図20）をご紹介したい。

図20　第二次世界大戦中に南アフリカで制作された防諜宣伝のラベル。コブラに見立てたナチスのスパイないしは対独協力者への警戒が呼びかけられている。

十八世紀末、金やダイヤモンドの鉱脈を狙ってアフリカ南部に到来した英国人は、すでにこの地に住んでいたオランダ系のボーア人と戦い、ナポレオン戦争中の一七九五年、ケープタウンを占領し、一八〇六年にはケープ植民地全体を接収した。

ナポレオン戦争後の一八一五年、ケープ植民地は正式にオランダから英国へ譲渡され、これに伴い、英国からの移民が大量に流入する。これに対して、ボーア人は自らを〝アフリカーナー〟と称して、英国の圧迫を逃れて北東部の奥地へ大移動を開始し、先住アフリカ人諸民族と戦いながらトランスヴァール共和国やオレンジ自由国、ナタール共和国を建国するが、英国は二度にわたるアングロ・

ボーア戦争を起こし、一九〇二年までに、南アフリカ全土を制圧した。

一九一〇年、それまでのケープ植民地・トランスヴァール共和国・オレンジ自由国・ナタール共和国の四州を統合して、大英帝国内のドミニオン（自治領）として南アフリカ連邦が設立され、アフリカーナーの自治も保障されることになった。

連邦の初代首相には、ボーア戦争後、旧トランスヴァールの首相を務めたルイス・ボータが就任し、一九一九年にボータが急死した後はボーア戦争の軍事的英雄で第一次世界大戦の指揮官でもあったヤン・スマッツが政権を継承する。

これに対して、白人至上主義を唱えるジェームズ・バリー・ミューニック・ヘルツォークらは、ボータならびにスマッツの南アフリカ党政権が親英的で黒人に対して譲歩しすぎると批判し、一九一四年に国民党を結成して対抗した。

ヘルツォークの国民党は一九二四年の総選挙で政権を獲得し、新国旗の制定などアフリカーンス民族主義の政策を推進するとともに、白人労働者にのみ労働者の権利を認める（＝黒人およびカラードの労働者には権利を認めない）産業調整法を制定するなど、黒人とカラードの犠牲の上に白人の権利を確保するセグレゲーション（隔離）政策を強烈に推進した。

ところが、一九二九年に世界大恐慌が発生し、南ア経済も深刻な打撃を受けると、国難を打開するには超党派の連立政権を樹立すべしとの声が高まったため、一九三三年には国民党は親英派野党の南アフリカ党と合同し、連合党（統一党とも）が結成され、首相にはヘルツォークがそのまま留任した。

しかし、旧国民党内の強硬派は、対英協調路線を掲げるスマッツら旧南アフリカ党との連立を潔しとせず、一九三四年、ダニエル・フランソワ・マランを党首として純正国民党を結成する。

一方、一九三九年、ヘルツォークに代わって政権に返り咲いたスマッツは、英連邦、すなわち連合国の一員として第二次世界大戦に参戦する決断を下したが、マランの純正国民党は参戦に反対し、連合党政権の〝対英従属・アフリカーナー軽視〟を徹底的に批判した。

このように、対英外交をめぐって深刻な亀裂を抱えていた南アフリカでは、〝英国の戦争〟への協力を拒否するだけでなく、ドイツへの支持を隠そうとしないアフリカーナーも少なくなかった。彼らは親ナチス団体のオッセワ・ブラントワクを設立して〝反戦運動〟を展開しており、ドイツ側のスパイや工作員が活動しやすい環境にあった。

図20のラベルは、こうした状況を反映して作られたもので、アフリカーンス語で「草むらの蛇のような狡賢な奴に気をつけろ」の文言と共に、鍵十字のついたコブラを大きく描いており、コブラの身体には〝第五列〟〝裏切者〟の文言が入っている。

ちなみに、第五列とは、スペイン内戦初期の一九三六年、フランコ側のエミリオ・モラ・ビダル将軍がラジオで「我々は四個軍団をマドリードに向け進軍させている。人民戦線政府が支配するマドリード市内にも我々に共鳴する五番目の軍団（第五列）が戦いを始めるだろう」と放送したことに由来する言葉で、本来味方であるはずの集団の中で敵方に味方する人々のことを指す。当時の南アフリカ政府からすれば、親独派の反戦団体などは、まさに第五列（予備軍）として警戒すべき存在にほかならなかった。

図21　南アフリカが1945年に発行した“第二次世界大戦勝利”の記念切手。英語表記の切手とアフリカーンス語の切手の連刷形式になっている。

また、当時の南アフリカでは公式の場では英語とアフリカーンス語（オランダ語を母体とするアフリカーナーの言語）が併記されていたが（図21）、このラベルの文言はアフリカーンス語のみとなっており、このラベルがアフリカーナーを対象に、身近な〝裏切者〟の摘発を呼びかけるためのものであったことがうかがえる。

さて、第二次世界大戦は戦場から遠く離れた南アフリカの経済を飛躍的に向上させ、工業化が進み白人の貧困もほぼ解消されただけでなく、戦争を銃後で支えた黒人の発言力も増大し、戦後の南アフリカは〝戦勝国〟としての地位を確保する。

しかし、大戦の終結により戦時景気が収束し、戦後不況の時代が到来すると、純正国民党は徹底的な連合党批判を展開。さらに、「アフリカーナーによる南アフリカ統治は神によって定められた使命である」、「国内の諸民族をそれぞれ別々に、純潔を保持しつつ存続させることは政府の義務である」などと主張し、大戦時の戦争協力に報いるべく黒人に宥和的な姿勢を示していた連合党政権を大々的に攻撃し、一九四八年の総選挙で躍進して政権を獲得。同政権の下、南アフリカは悪名高い人種差別政策、アパルトヘイト（もともとは、〝分離〟ないしは〝隔離〟を意味するアフリカーンス語）の時代に突入していく。

毒蛇は三匹・二匹・一匹

一九四一年十二月八日（日本時間）の真珠湾攻撃を機に、米国は第二次世界大戦に参戦したが、これに伴い、敵国ニッポンとその指導者である〝ヒロヒト（昭和天皇）〟もしくは〝トウジョウ（東條英機）〟を揶揄する風刺画が数多く作られるようになった。

ただし、当時の標準的な米国人の目からすると、〝ヒロヒト〟と〝トウジョウ〟を個体識別するのは必ずしも容易なことではなかったようで、彼らの手になるカリカチュアの中には、二人を混同して描いているものや、作者による説明がなければ二人のうちのどちらが描かれているのか判別が困難なものも少なくない。

当時、欧米人の間で一般的に知られていた昭和天皇の肖像といえば、おそらく、一九二八年十一月の昭和大礼に際して撮影された、陸軍大元帥の正装もしくは

図22　1928年に撮影された昭和天皇の写真を基にドイツで作られた絵葉書。

海軍大元帥の正装の写真（図22）であった可能性が高い。この写真の昭和天皇は長髪を七三分けにしているが、この点は、欧米人の目からすれば、禿頭が一種のトレードマークとなっていた東条英機と昭和天皇を区別する上で重要なポイントとなっていたものと思われる。もっとも、カリカチュアに取り上げられている〝敵国ニッポン〟の指導者には帽子をかぶった状態のものも多いので、髪型の違いは、必ずしも両者を判別する決め手とはなり得ない。

ところで、米国の独立戦争時に由来するガズデン旗は不屈の象徴として、ガラガラヘビ〝DONT TREAD ON ME〟の標語を組み合わせたデザインになっていたが、それとは逆に、第二次世界大戦での愛国カバーでは、〝STAMP 'EM OUT（彼らを踏み潰してしまえ）〟との標語とともに、毒蛇に模したドイツのヒトラー、イタリアのムッソリーニと昭和天皇ないしは東条英機を揶揄するのが一つの定番になっている（図23）が、毒蛇の頭に関しては、米軍にとっての主要な敵である日独に限定して（イタリアは無視して）ヒトラーと昭和天皇ないしは東条英機の二頭のみにしているもの

図23　日独伊三国の指導者の頭をつけた毒蛇を踏み潰すイラストが描かれた英国カバー。

図24　イタリアの降伏を受けて、愛国カバーの蛇のイラストも、日独２ヵ国の指導者の頭をつけたスタイルに変化している。

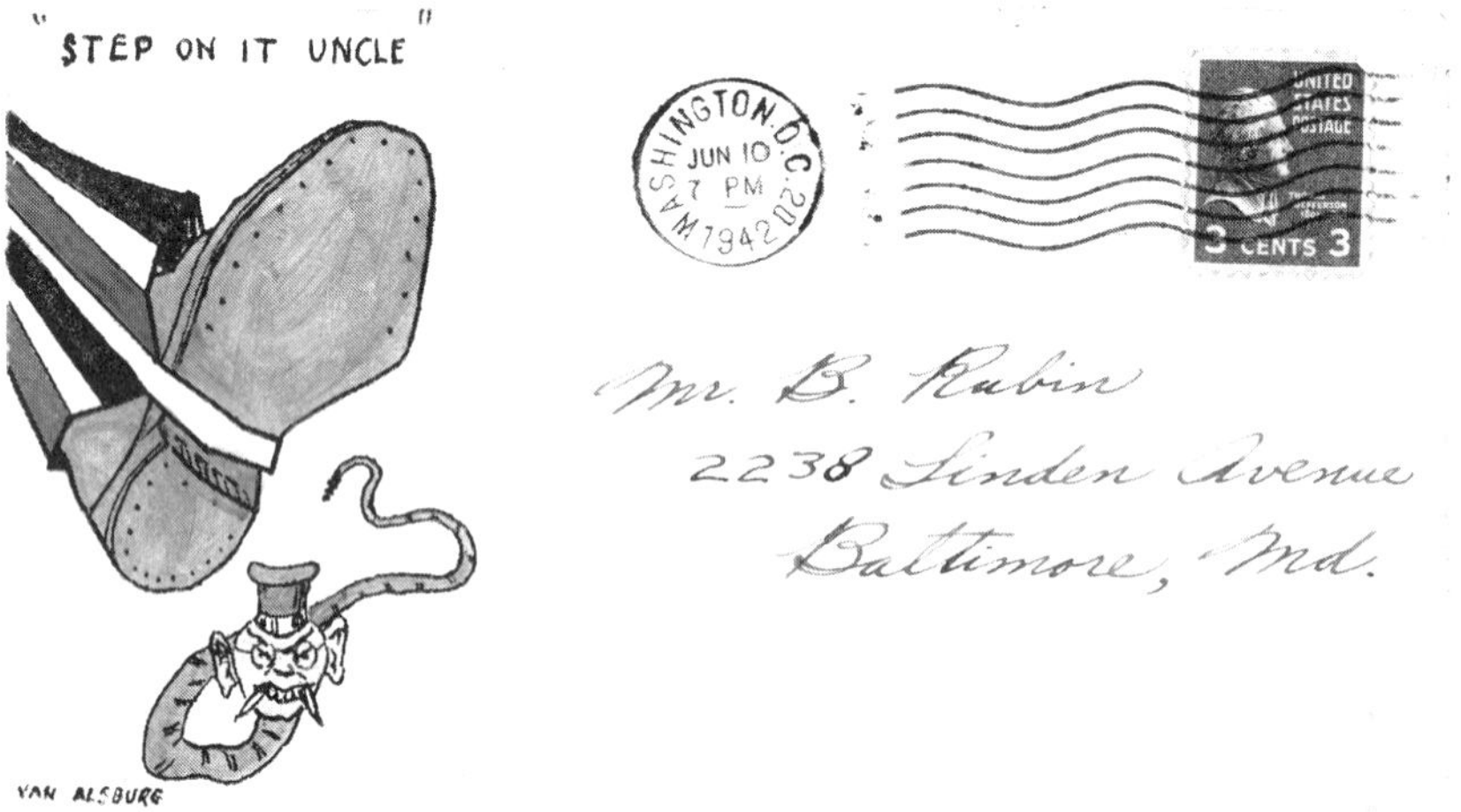

図25　アンクル・サムが昭和天皇ないしは東条英機の頭のついた蛇を踏み潰そうとしているイラストが描かれた愛国カバー。

（図24）や、アンクル・サムが昭和天皇ないしは東条英機のみを踏み潰そうとしているデザインのもの（図25）もある。

また、枢軸国を一くくりにせず、昭和天皇ないしは東条を蛇（英語圏のスラングでは、〝裏切り者〟、〝陰険〟などの意）、ヒトラーをロバ（同じ〝頑固者〟、〝まぬけ〟の意味）、ムッソリーニをヒヒ（同じく〝頭の足りない乱暴者〟、〝野蛮人〟の意味）とすることで、それぞれ、彼らのイメージに対応した揶揄の表現を描き分けているケース（図26）もある。

煙草を吸う蛇

上述のように、第二次世界大戦の時代には、打倒すべき敵のイメージを表現するために蛇が用いられた事例は多岐に渡っているが、自国の軍隊の標章として蛇を用いた事例としては、ブラジルの〝スモーキング・スネーク〟こと欧州派遣軍が挙げられる。

一九三九年九月に第二次欧州大戦が勃発した当初、ブラジル国内では、陸軍の上層部はドイツに好意的で

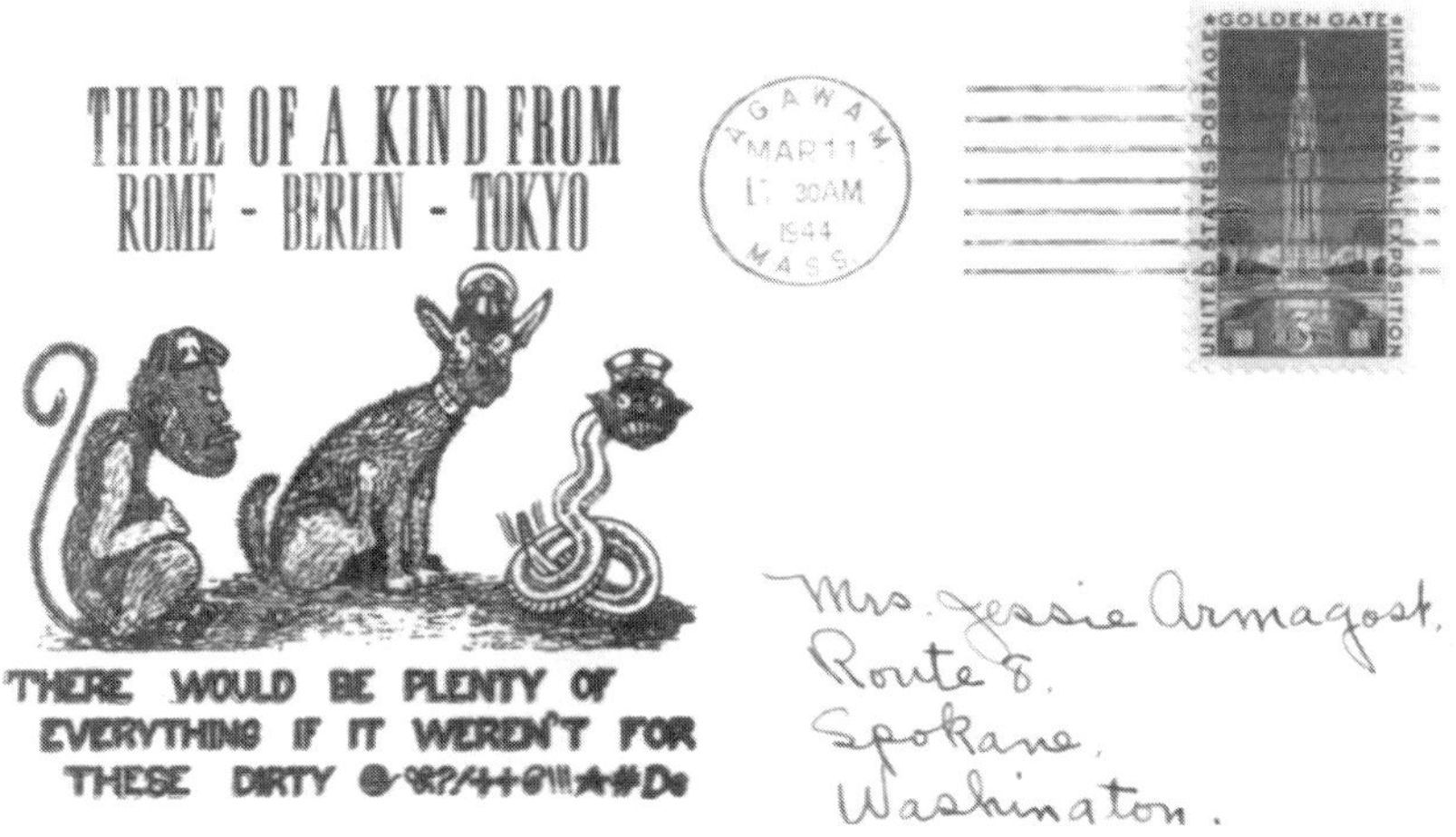

図26　昭和天皇ないしは東条英機を蛇、ヒトラーをロバ、ムッソリーニをヒヒに見立てて揶揄している愛国カバー。

あったが、大統領のジェトゥリオ・ドルネレス・ヴァルガスは中立を維持していた。

ところが、一九四一年十二月、真珠湾攻撃を受けて大戦に参戦した米国は、ブラジル北東部の戦略的な位置を重視し、ブラジルを自陣営に取り込もうとする。その一環として、米国は、ヴァルガス政権の経済政策の目玉の一つであったヴォルタ・レドンダ国立製鉄所

図27　ヴォルタ・レドンダ製鉄所を取り上げた1957年の切手。

（図27）の建設資金として二千億ドルを供与し、その代償として、レシーフェに米軍基地を設置した。一方、ヴァルガス政権も、中立を掲げながらも、明らかに米国寄りの外交路線に舵を切るようになっていった。

一方、米国と戦闘状態に突入したドイツは大西洋戦線で潜水艦Uボートを用いた連合国の通商破壊作戦を展開していたが、その結果、一九四二年一月から七月までの間に十三隻のブラジル商船がドイツの潜水艦攻撃によって沈められた。さらに、同年八月には、潜水艦U-五〇七により、二日間で五隻のブラジル船が沈められ、六百人以上が犠牲になっている。この八月のUボート攻撃に対してブラジル国内では反独世論が沸騰。ヴァルガスは陸軍内の反対論を抑え込んで、八月二十二日、ドイツに対して宣戦を布告した（図28）。

当初、ブラジルに求められていた役割は、ドイツの潜水艦と戦い、中部大西洋と南大西洋間を航行する船舶の安全を確保することにあり、ドイツ側の記録によると、彼らはブラジル軍から合計六十六回の攻撃を受け、十二隻の潜水が破壊されたという。一方のブラジルは、大戦中に枢軸国の攻撃で三十六隻の船が沈めら

れて約千六百人近くが亡くなっている。

翌一九四三年一月二十八・九の両日、ヴァルガスはローズヴェルトと会談し、欧州へ派遣するためのブラジル遠征軍（ＦＥＢ：Força Expedicionária Brasileira）の創設が決定されたが、実際には、ブラジル陸軍の高官の間にドイツとの戦争を忌避する空気も強く、また、インフラ整備の未熟さゆえに物資や人員の動員のため国内の調整に手間取ったこともあり、一九四四年七月以降、実際に欧州に派遣された兵力は当初予定の十万人の四分の一、約二万五千人にとどまった。

こうした事情もあり、実際にＦＥＢが欧州に派遣されるまで、多くのブラジル国民は「ＦＥＢが前線に派遣されて実際に戦うなんて、蛇が煙草を吸うよりもあり得ない話さ（Mais provável uma cobra fumar um cachimbo, do que a FEB ir para a frente da luta）」と国軍を揶揄し、〝蛇が煙草を吸う（a cobra vai fumar）〟は英語のスラング〝when pigs fly（豚が空を飛ぶとき）〟と同様、〝あり得ない〟、〝無理だ〟という意味で使われていた。

しかし、一九四四年七月二日、ＦＥＢの第一陣五千人が実際にブラジルを出発。その際、彼らは自分たち

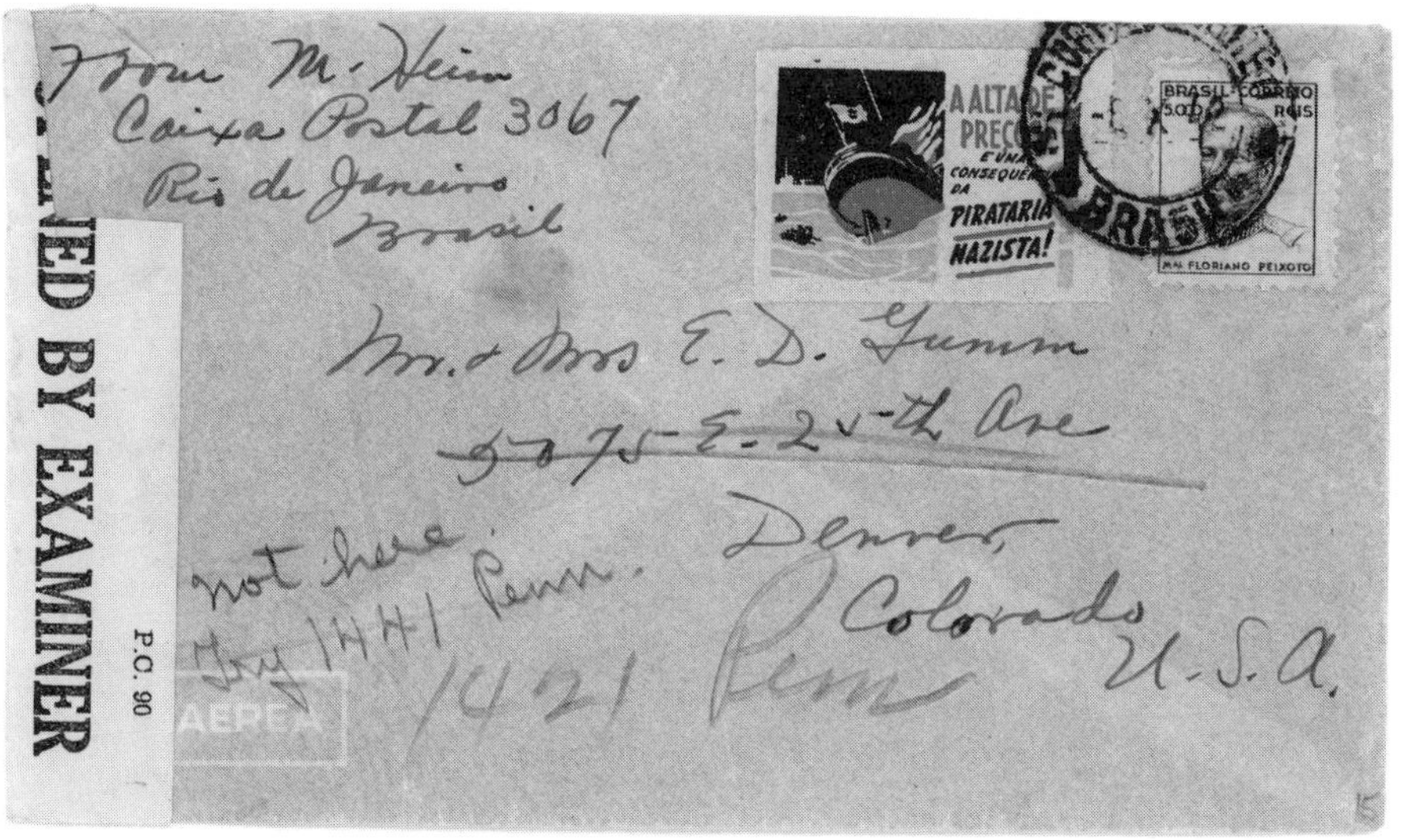

図28　Ｕボートによって沈められたブラジル商船を描く戦意高揚ラベルが貼られた郵便物。ラベルには「物価の上昇　ナチスの海賊行為の結果」との文言も入っている。

を揶揄する表現であった〝煙草を吸う蛇〟をデザインした徽章をあえて軍服に着けて出征した。この時すでにイタリアは前年の一九四三年に降伏していたため、同十六日にイタリア・ナポリに到着すると、ドイツ軍と戦うことになる。（図29、30）。

司令官にはマスカレンハス・デ・モライス将軍（後の元帥）が任命され、その戦闘部隊はゼノビオ・ダ・コスタ将軍が指揮する第六連隊戦闘団に加えて、リオデジャネイロに駐屯する第一連隊戦闘団や、サン・ジョアン・デル・レイからの部隊から編成され、ブラジル空軍の飛行隊は、地中海方面の連合軍戦術空軍の指揮下に置かれることになる。

その後、順次、後続部隊が到着し、米軍を中心とする連合軍部隊と合流。その中には、アフリカ系黒人で構成される米第九十二歩兵師団、日系人で構成される米第四四二歩兵連隊、ニュージーランド、カナダ、インド、グルカ、英領パレスチナ、南アフリカ出身の英連邦軍、英連邦指揮下のポーランド、チェコ、スロヴァキアの各亡命政府軍、イタリアの反ファシスト勢力、セネガル、モロッコ、アルジェリア出身のフランス軍

図30　1945年にブラジルが発行したＦＥＢ凱旋の記念切手に取り上げられた“煙草を吸う蛇”の徽章。

図29“煙草を吸う蛇”の徽章をつけて戦うＦＥＢの兵士（モンテ・カステッロの戦い50周年の記念切手）。

など、多種多様な人々が含まれていたが、ドイツ軍は、特に、ブラジル兵を対象とした、ポルトガル語伝単の散布やプロパガンダ放送に力を入れていたという。

ＥＦＢは、ドイツのケッセルリンク元帥が設定したイタリア北部の最後の防衛線〝ゴシック・ライン（リグリア海から内陸に入り、標高一〇〇〇メートルのアルティッシモ山の山頂を連ねた線）〟の攻略戦に参加し、連合国諸部隊とともに、一九四五年四月七日にまでに難攻不落と謳われたゴシック・ラインの制圧を完了した。

その後、彼らは米第四軍とともに北上して四月十四日にはモンテーゼを攻略。さらに、同二十五日にはパルマに到達し、ターロ川の戦いでは撤退する枢軸軍の激しい抵抗を受けつつも、二十八日にはフォルノーヴォで枢軸側を包囲してドイツ第一四八師団を降伏させ、一万三千人を捕虜とした。これにより、ドイツ軍はイタリア戦線で抵抗を続けることが不可能となり、休戦交渉が開始される。

そして、五月二日、ＥＦＢはトリノに到達し、スーザ渓谷で南下してきたフランス軍と合流したところで、五月八日の終戦を迎え、ブラジルは戦勝国としての地位を確保した。その結果、〝蛇が煙草を吸う（A Cobra Vai Fumar!）〟という表現は「何かがきっと起きる」という意味で使われるようになったという。

オーストリアの「忘れるな」展

一九四五年の第二次世界大戦終結以来、世界の多くの国ではナチス・ドイツは絶対的な悪とされており、特に、欧米世界では「ナチス・ドイツも良いことをした」という言説が社会的にハレーションを起こすことも少なくない。

そうした文脈において、ナチス・ドイツを毒蛇に見立てて非難することはしばしばみられる現象だが、その戦後まもない時期の事例として、一九四六年にオーストリアで開催された「忘れるな」展とその記念切手（図31）について紹介したい。

十九世紀のドイツ統一は、オーストリア（ハプスブルク帝国）を含む大ドイツ主義とオーストリアを除外した小ドイツ主義が争った結果、一八七一年、プロイ

図31　オーストリアが発行した「忘れるな」展の記念切手のうち、ナチスの毒蛇を握りつぶす腕を描いた30グロッシェン（＋30グロッシェンの寄付金付き）切手。

センを軸とする小ドイツ主義のドイツ帝国が誕生したことで達成された。

　しかし、第一次世界大戦の敗戦により、ハプスブルク帝国が解体されると、ドイツ人が圧倒的多数を占める新生オーストリアにおいて、アンシュルス（独墺合邦）を求める〝大ドイツ主義〟が再浮上。これに対して、戦勝諸国は、敗戦国のドイツがかえって国土を拡大させるのはおかしいとして、一九一九年九月に締結された講和条約、サン＝ジェルマン条約によって独墺合邦は禁止された。

　一九三三年、オーストリア生まれのアドルフ・ヒトラーがドイツで政権を掌握すると、その支援を受けたオーストリアのナチス党員がアンシュルスの実現を掲げ、政権奪取のためには暴力も辞さずという行動を展開。当時のオーストリア国民の間では、ナチスの暴力には反対するものの、アンシュルス自体は支持するという声が多数派で、一九三八年三月十三日、オーストリアを新たなドイツの州、オストマルク州とする法案「ドイツ帝国とオーストリア共和国の再統合に関する法律」の署名が行われ、アンシュルスが実現。オーストリア国民の大半は進駐してきたドイツ軍を熱狂的に歓迎した。

　第二次世界大戦中の一九四三年十一月一日、連合諸国は戦後処理の方針としてモスクワ宣言を発し、オーストリアを〝ヒトラーの侵略政策の犠牲となった最初の自由国〟と認定して、アンシュルスの無効を宣言。戦後は、連合国の方針として、オーストリアをドイツから分離し、元の状態に復帰させることを決定する。

　大戦末期の一九四五年四月十日、ウィーンはソ連赤軍によって占領され、同二十七日、カール・レンナーを首班とする臨時政府が発足。これにより、一九三八年のアンシュルスは〝外部からの軍事的脅迫と少数のナチ・ファシストによる反逆的テロル〟によるもので無効とされ、アンシュルス以前のオーストリア共和国の再建が宣言された。

一九四五年五月八日、ナチス・ドイツが正式に降伏すると、一九四三年のモスクワ宣言に基づき、オーストリアの国土と首都ウィーンは米英仏ソの四国によって占領され、オーストリアの国家機関は連合国の管理下に置かれることになった。

こうした状況の下で、一九四五年十一月、ウィーン市の文化教育局は、オーストリアが〝ヒトラーの侵略政策の犠牲となった最初の自由国〟であることを広く周知するため、一九四六年九月に市内のキュンストラーハウス（芸術展示館）で「忘れるな！（NIEMALS VERGESSEN）」展を開催することを決定した。

同展の準備の過程で、一九四六年六月、会期にあわせて、九月十六日に展覧会の周知宣伝と開催費用の補助とするため、十種の寄附金付き切手を発行したらどうかとのプランが浮上。オーストリア郵政はすぐにこの案を承認して、切手の制作に取り掛かり、その一枚として、ナチスを象徴する蛇を握りつぶすデザインの切手が制作された。

ところで、占領下のオーストリアでは新たに発行する切手のデザインについても占領当局の許可を得なければならなかったが、オーストリア郵政は、その手続きはあくまでも形式的なものと理解していたこともあり、とりあえず切手の制作作業を進めて事後承諾を得ればよいと考えていた。ところが、発行直前になって、占領当局、特にソ連から、提出された図案のうち、〝ヒトラーの仮面を外す死神〟（図32）など二種について「刺激が強すぎる」とのクレームがつき、問題の切手は破

図32　実際には発行されずに終わった〝ヒトラーの仮面を外す死神〟の切手。

棄されることになったが、その一部が市場に流出し、オークションなどに出品されると高値で取引されている。なお、問題視されなかった八種の切手は、予定通り、郵便局から発売された。

第三世界の連帯とアメリカ帝国主義

第二次世界大戦後の東西冷戦下では、東側諸国による〝アメリカ帝国主義〟批判のプロパガンダが活発に行われていた。それらは一九六〇–七〇年代のヴェトナム戦争の時代に一つのピークを迎えた。

第二次世界大戦後まもない一九四五年九月二日、ホーチミン率いるヴェトミンがインドシナ独立を宣言すると、旧宗主国のフランスは独立を認めず、両者の間で第一次インドシナ戦争が勃発した。第一次インドシナ戦争は一九五四年にジュネーヴ協定が結ばれて停戦になり、フランスがインドシナから撤退したうえで、ヴェトナムは北緯十七度線を境界として北ヴェトナム（ヴェトナム民主共和国）と南ヴェトナム（ヴェトナム共和国）に分断された。

このうち、北ヴェトナムの攻勢によりヴェトナム全土が共産化されれば、それが東南アジア全域、ひいては東アジアにも拡散することを恐れた米国は南ヴェトナムを財政的・軍事的に支援した。これに対して、北ヴェトナムの支援を受けた〝南ヴェトナム解放民族戦線（ヴェトコンとも）〟は南部でゲリラ戦を展開。北ヴェトナムはさらに反乱軍を支援するためにラオスにも侵攻し、ホーチミン・ルートを確立してヴェトコンへの支援を強化していったため、米国はジョン・F・ケネディ政権下でヴェトナムへの関与を深めていった。

一九六四年七月三十一日、南ヴェトナム海軍の哨戒艇数隻がコマンド部隊を乗せてダナン港を出港し、トンキン湾内の北ヴェトナム軍基地二箇所を攻撃。米海軍の駆逐艦〝マドックス〟は攻撃を終えて帰還中の南ヴェトナム哨戒艇と遭遇し、入れ違いにトンキン湾へ侵入した。

八月二日、三隻の北ヴェトナム魚雷艇がマドックスを南ヴェトナム艦艇と誤認し、マドックスに対して魚雷と機関銃で攻撃。マドックスは直ちに反撃を行い、近くにいた米海軍の空母〝タイコンデロガ〟の艦載機の支援も受け、魚雷艇のうち一隻を撃破、他の二隻にも損害を与え、駆逐艦〝ターナー・ジョイ〟と合流し、南ヴェトナム海域へと撤退した。

八月四日、マドックスとターナー・ジョイは北ヴェトナム沿岸への哨戒行動を再開。同日夜、ターナー・ジョイは北ヴェトナム軍が攻撃してくることを望遠鏡で確認し、約二時間にわたり、マドックスとともに北ヴェトナム軍艦艇と思われるレーダー目標に対して発砲したと報告した。

一連の経緯に関して、米側は自国艦艇が公海において北ヴェトナム側から攻撃を受けたと発表したが、実際には北ヴェトナム側の主張する領海内に侵入していた。また八月四日の交戦は戦果の確認ができず、後に誤認であったことが明らかになったが、米国時間の四日、リンドン・ジョンソン大統領は、米軍艦がトンキン湾で攻撃されたと演説。米議会は、上院八十八対二、下院四一六対〇の圧倒的多数で、大統領が攻撃に対し相応の措置を取ることを認める決議（トンキン湾決議）を採択した。

以後、ジョンソン政権は報復の名の下に、米軍機による北ヴェトナムへの報復爆撃を本格的に開始し、米国はヴェトナム戦争の泥沼に突入していく。

こうした状況の下、一九六五年五月十九日、北ヴェトナムはバンドン会議（アジア・アフリカ会議）十周年の記念切手（図33）を発行した。

切手は、アジア・アフリカ地域の地図を背景に、頭にUSA、胴体にドルのマークが入った蛇を二本の腕が押さえ込んでいるデザインになっており、二本の腕を褐色と黄色で塗り分けることで、アジア・アフリカ諸国の人民が団結して〝アメリカ帝国主義〟を打倒しようと内外に呼びかける内容となっている。

図33　北ヴェトナムが発行したバンドン会議10周年の記念切手。

バンドン会議そのものは、主催者であるインドネシアのスカルノが「反西欧ではなく、アジア、アフリカ諸国の誇りの上に立った国際協調こそが、この会議の目的である」と述べていることからも明らかなように、本来は〝反米〟と直接結びつくものではないが、現実に〝アメリカ帝国主義〟と戦っている北ヴェトナムにとって、アジア・アフリカ諸国からの支援をえるためにも、アジア・アフリカ諸国の人民が団結して、ドルの力で世界を支配しようとしている〝アメリカ帝国主義〟を打倒しようと呼びかけることは重要な意味を持っていた。その意味でも、アジア・アフリカ諸国の連帯をうたいあげたバンドン会議の栄光は、北ヴェトナム側にとって、きわめて利用価値の高いものだったのである。

テロとの戦い

二〇〇一年の米国同時多発テロ以降、国家間の正規の軍隊による武力衝突とは別に、多くの国にとっては〝テロとの戦い〟が重要な課題となっているのは周知のとおりである。

そこで、最後に、二〇〇二年一月二十九日、ボスニア・ヘルツェゴヴィナを構成するスルプスカ共和国（セルビア人共和国）が蛇を用いて〝テロとの戦い〟を表現した切手（図34）をご紹介したい。

一九八九年の東欧革命の余波で旧ユーゴスラヴィアでも共産党の一党独裁体制が崩壊し、一九九〇年には自由選挙が実施された。その結果、連邦を構成していた各共和国にはいずれも民族色の強い政権が誕生。一九九一年六月にはスロヴェニアとクロアチアが連

図34　ボスニア・ヘルツェゴヴィナを構成するスルプスカ共和国が発行した〝テロとの戦い〟の切手。

邦からの独立を宣言。セルビアが主導する連邦軍とスロヴェニアとの間に十日間戦争、クロアチアとの間にクロアチア紛争が勃発し、ユーゴスラヴィア紛争が始まった。

さらに、一九九二年三月、ボスニア・ヘルツェゴヴィナが独立を宣言すると、独立に反対のセルビア人はセルビア人共和国（スルプスカ共和国）の樹立とボスニア・ヘルツェゴヴィナからの分離を主張し、独立賛成派のクロアチア人・ボシュニャク人（ムスリム人）との対立が軍事衝突に発展。さらに、同年四月二十七日、クロアチア民主同盟（当時のクロアチアの政権与党）ボスニア・ヘルツェゴヴィナ支部の過激派がボスニア・ヘルツェゴヴィナからの分離独立を唱えて〝ヘルツェグ＝ボスナ・クロアチア共和国〟の独立を宣言。ボスニア・ヘルツェゴヴィナ紛争（以下、ボスニア紛争）は、セルビア、クロアチア両国の介入もあって泥沼化した。

ところで、ボスニア紛争の最中、東部の町スレブレニツァは、セルビア人勢力の支配下でムスリム住民四万人が生活する事実上の飛び地になっていたため、国連保護軍の安全地域に指定され、オランダ部隊が駐屯していた。ところが、国連保護軍の兵力は少数であったこともあり、セルビア人勢力の包囲により、この地域への物資の搬入は困難になり、市民の中には餓死者も発生していた。

こうして、スレブレニツァのムスリム住民が弱体化したのを見計らい、一九九五年七月十一日頃から、セルビア人勢力がスレブレニツァに侵入を開始し、ムスリム住民に対する大規模な処刑や強姦、破壊が繰り返された。この虐殺事件だけで、ムスリム男性約八千人が犠牲になったともいわれている。

スレブレニツァでの陰惨な虐殺事件を経て、一九九五年十一月二十一日、米オハイオ州デイトン市近郊のライト・パターソン空軍基地において、セルビア大統領スロボダン・ミロシェヴィッチ（ボスニア・セルビア人代表として、ラドヴァン・カラジッチは欠席）、クロアチア大統領フラニョ・トゥジマン、ボスニア・ヘルツェゴヴィナ大統領アリヤ・イゼトベゴヴィッチと同国外相ムハメド・サツィルベイの間で和平合意（デイトン合意）が成立。同合意は、十二月十四日にパリで署名されて発効し、ボスニア紛争は終結した。なお、三年半以上にわたる内戦での死傷者は二十万人、難民・避難民は二百万人と言われている。

　この和平合意により、ボスニア・ヘルツェゴヴィナはボシュニャク人（ムスリム人）とクロアチア人主体のボスニア・ヘルツェゴヴィナ連邦と、セルビア人主体のスルプスカ共和国からなる連合国家となり、民生面を上級代表事務所（ＯＨＲ）、軍事面をＮＡＴＯ中心の多国籍部隊（平和安定化部隊、ＳＦＯＲ）が担当し、停戦の監視と和平の履行が進められた。

　切手に関しては、ボスニア・ヘルツェゴヴィナ連邦とスルプスカ共和国が別個のものを発行しているだけでなく、ボスニア・ヘルツェゴヴィナ連邦に〝県〟として併合された旧ヘルツェグ＝ボスナ・クロアチア人共和国も〝ヘルツェグ＝ボスナ〟として独自の切手を発行し続けている。図34の切手は、そのうちのスルプスカ共和国が発行したものだ。

　和平合意後の一九九五年十一月、紛争時の戦争犯罪として、セルビア人勢力の政治指導者ラドヴァン・カラジッチ（ボスニア・ヘルツェゴヴィナの主要三民族のうち、セルビア人を主体とするスルプスカ共和国の当時の大統領）とラトコ・ムラディッチ（スルプスカ共和国軍参謀総長）が起訴された。カラジッチの身柄が実際に拘束されたのは二〇〇八年、ムラディッチは二〇一一年のことだったが、この間、国際戦犯法廷控訴審で真相の解明が進められ、二〇〇四年、旧ユーゴスラビア国際戦犯法廷は事件をジェノサイドと認定。これを受けて、同年、スルプスカ共和国は、初めて虐殺を事実と認めるとともに謝罪している。

　しかし、依然としてボスニア・ヘルツェゴヴィナ国内では民族間の不信感が今も根深く残っており、クロアチア系、セルビア系住民のそれぞれの〝本国〟への指向は衰えておらず、またムスリム人口の多いサラエボではトルコ、サウジアラビアなどからの援助によりモスクの建設が数多く進められた。

　これらのモスクの中にはイスラム過激派の拠点となっているものもあり、二〇〇一年の米国同時多発テロ以降、スルプスカ共和国政府は自国でのテロへの警戒を強め、その一環として、国民の注意喚起を促すために図34の切手を発行したのであった。

　はたして、二〇〇五年十一月には、サラエボ郊外で、ボスニア系のトルコおよびスウェーデン国籍の者を含むムスリムの若者が逮捕され、三〇キロの爆発物および銃火器が押収され、彼らが西側の大使館などへの自爆テロを計画していたことが明らかになった。

二〇一〇年代に入ると、EUを中心とした国際部隊（EUFOR）が引き続き駐留していることや、警察部門の機構整備・法執行能力の向上に向けた努力が行われていたことなどから、治安情勢は大きく改善されたが、それでも、二〇一四年九月には、ボスニア・ヘルツェゴヴィナのイスラム原理主義指導者が、国内のムスリムに対してイスラム過激派組織〝イスラム国〟への参加を呼びかけて、テロ扇動行為により逮捕、起訴されているほか、シリアやイラクでのイスラム国の戦闘を経験して帰還した数十名に関しては、現在なおイスラム国の思想や活動への支持・共鳴を維持していると考えられている。

実際、二〇二三年八月にも、イスラム国と連絡を取り、爆発物による宗教施設へのテロを計画した容疑者一名が治安当局によって逮捕されており、現在でも、ボスニア・ヘルツェゴヴィナでのテロの潜在的な脅威がなくなったわけではない。

あとがき

令和六（二〇二四）年が辰年であったことから、筆者は、武蔵野大学の生涯学習講座（Ｗｅｂ配信）の一コマとして、世界各国の龍／ドラゴンの切手を紹介し、その図案の解析や、それぞれの切手が発行された背景などをお話しする「龍の文化史」を担当させていただき、その内容をもとに拙著『龍とドラゴンの文化史』をえにし書房から上梓した。

ありがたいことに、武蔵野大学の講座と『龍とドラゴンの文化史』のどちらも予想外の好評をいただいたことから、えにし書房の塚田敬幸社長から引き続き〝干支の文化史〟のシリーズを作らないかとのオファーを頂いた。

そこでシリーズ第二作として、令和七（二〇二五）年初頭に合わせて『蛇の文化史』を刊行すべく、雑誌『キュリオマガジン』の令和六年四月号から「蛇の文化史」の連載を開始するとともに、武蔵野大学生涯学習講座のご快諾を頂き、Ｗｅｂ配信の講座として「蛇の文化史」を担当させていただくことになった。

本書は、それらの内容に大幅に加筆して構成したものだが、取り上げている題材は、あくまでも筆者の興味関心を優先して選んでいるので、必ずしも網羅的・体系的なものではなく、時代的・地域的にかなり偏りが出ている点は悪しからずご了承いただきたい。

なお、本書の制作に際しては、上記の塚田氏のほか、編集実務とカバーデザインに関しては、板垣由佳氏にお世話になった。末筆ながら、謝意を表して擱筆す。

令和甲辰年の晩に

著者しるす

Delcampe, "Greek Mythology Stamps", *Delcampe magazine,* https://blog.delcampe.net/fr/magazine-n2-delcampe-philatelie/

Hellenica World, *Greek Mythology Stamps,* https://www.hellenicaworld.com/Greece/Mythology/en/StMythology.html

Janet Klug、J., "The many collectible 'nonstamp stamps' of Great Britain: Stamp Collecting Basics", *Linn's Stamp News,* https://www.linns.com/news/us-stamps-postal-history/great-britain-cinderella-collectible-nonstamps.html

Muldrew, E., "Air Mail", Alberta Aviation Museum, https://albertaaviationmuseum.com/air-mail/

RJ Stamps, *Health and Medicine in Postal Stamps,* https://healthinstamps.com/

Stamps NZ: New Zealand Stamp Catalogue, https://stampsnz.com/

主要参考文献

紙幅の関係から、原則として、特に重要な引用・参照を行った文献のみを挙げている。

マダーチュ・イムレ（今岡十一郎訳）『人間の悲劇』（審美社、1965 年）
馬杉宗夫『パリのノートルダム』（八坂書房、2002 年）
遠藤徹『雅楽を知る辞典』（東京堂出版、2013 年）
上村勝彦『インド神話 ―― マハーバーラタの神々』（ちくま学芸文庫、2003 年）
笈川博一　『古代エジプト ―― 失われた世界の解読』（講談社学術文庫、2014 年）
小島櫻禮（編著）『蛇の宇宙誌 ―― 蛇をめぐる民族自然誌』（東京美術、1991 年）
高田衛『女と蛇 : 表徴の江戸文学誌』（筑摩書房、1999 年）
竹下節子『フリーメイスン もうひとつの近代史』（講談社選書メチエ、2015 年）
マーティン・J・ドハティ（井上廣美訳）『インド神話物語百科』（原書房、2021 年）
内藤陽介『反米の世界史』（講談社現代新書、2005 年）
――『年賀切手』（日本郵趣出版、2008 年）
――『リオデジャネイロ歴史紀行』（えにし書房、2016 年）
――『日韓基本条約（シリーズ韓国現代史 1953-1965）』（えにし書房、2020 年）
――『本当は恐ろしい！　こわい切手』（ビジネス社、2022 年）
――『今日も世界は迷走中 ―― 国際ニュースのまともな読み方』（ワニブックス、2023 年）
――『龍とドラゴンの文化史』（えにし書房、2024 年）
――『切手ものしり図鑑 ―― 一番切手 50 のエピソード』（日本郵趣出版、2024 年）
日本聖書協会『聖書 聖書協会共同訳』（日本聖書協会、2018 年）
福井栄一『蛇と女と鐘』（技報堂出版、2012 年）
ジャン＝クロード・ベルフォール（金光仁三郎主幹、小井戸光彦・本田貴久・大木勲・内藤真奈訳）
『ラルース　ギリシア・ローマ神話大事典』（大修館書店、2020 年）
安田喜憲『蛇と十字架 ―― 東西の風土と宗教 』（人文書院、1994 年）
山野辺楓「第二次世界大戦とディズニー ～ディズニープロパガンダアニメーションをめぐって～」
http://human.kanagawa-u.ac.jp/gakkai/student/pdf/i11/110315.pdf
吉野裕子『蛇 ―― 日本の蛇信仰』（講談社学術文庫、1999 年）
ヘルムート・ラインアルター（増谷英樹・上村 敏郎 訳）
『フリーメイソンの歴史と思想 ――「陰謀論」批判の本格的研究』（三和書籍、2016 年）

Australia Post　https://auspost.com.au/
Breger, C., “The 'Berlin' Nefertiti Bust”, *The body of the queen: gender and rule in the courtly world, 1500–2000.* Berghahn Book, 2006

【著者紹介】 内藤陽介（ないとう ようすけ）

1967年東京都生まれ。東京大学文学部卒業。郵便学者。日本文芸家協会会員。切手等の郵便資料から国家や地域のあり方を読み解く「郵便学」を提唱し、研究著作活動を続けている。

主な著書に『北朝鮮事典』『中東の誕生』（いずれも、竹内書店新社）、『外国切手に描かれた日本』（光文社新書）、『切手と戦争』（新潮新書）、『反米の世界史』（講談社現代新書）、『事情のある国の切手ほど面白い』（メディアファクトリー新書）、『マリ近現代史』（彩流社）、『日本人に忘れられたガダルカナル島の近現代史』（扶桑社）、『みんな大好き陰謀論』『誰もが知りたいQアノンの正体 みんな大好き陰謀論II』『本当は恐ろしい！こわい切手　心霊から血塗られた歴史まで』（いずれも、ビジネス社）、『世界はいつでも不安定──国際ニュースの正しい読み方』『今日も世界は迷走中──国際問題のまともな読み方』（いずれも、ワニブックス）、『切手でたどる郵便創業150年の歴史（全3巻）』『現代日中関係史（全2巻）』『切手もの知り図鑑　一番切手50のエピソード』（いずれも日本郵趣出版）、『朝鮮戦争』『リオデジャネイロ歴史紀行』『パレスチナ現代史』『チェ・ゲバラとキューバ革命』『改訂増補版 アウシュヴィッツの手紙』『日韓基本条約──シリーズ韓国現代史1953-1965』『アフガニスタン現代史』『龍とドラゴンの文化史』（いずれも、えにし書房）などがある。

文化放送「おはよう寺ちゃん 活動中」、インターネット番組「ニッポンジャーナル」コメンテーターのほか、インターネット放送「チャンネルくらら」のレギュラー番組「内藤陽介の世界を読む」などを配信中。また、2022年より、オンライン・サロン「内藤総研」を開設、原則毎日配信のメルマガ、動画配信など、精力的に活動中。

Enishi Shobo

蛇《へび》の文化史《ぶんかし》
世界《せかい》の切手《きって》と蛇《へび》のはなし

2025年1月1日 初版第1刷発行

■著者　内藤陽介
■発行者　塚田敬幸

■発行所　えにし書房株式会社
〒102-0074 千代田区九段南1-5-6 りそな九段ビル5F
TEL 03-4520-6930　FAX 03-4520-6931
ウェブサイト　http://www.enishishobo.co.jp
E-mail　info@enishishobo.co.jp

■印刷／製本　株式会社 厚徳社
■DTP／装丁　板垣由佳

ISBN978-4-86722-135-8 C0030

郵便学者・内藤陽介の好評既刊本

龍とドラゴンの文化史

世界の切手と龍のはなし

本体 2,000 円＋税／ A5 判／並製

辰年！（令和 6 年・2024 年）
郵便学者が中国の龍を皮切りに、日本、朝鮮、琉球、東南アジア、キリスト教世界など、世界の龍について、そのベースとなる文化史や興味深いエピソードなどを切手とともに紹介する。

ISBN978-4-86722-124-2 C0030

朝鮮戦争　ポスタルメディアから読み解く現代コリア史の原点

A5 判／並製／本体 2,000 円＋税　ISBN978-4-908073-02-1 C0022

「韓国／北朝鮮」の出発点を正しく知る！　朝鮮戦争の勃発――休戦までの経緯をポスタルメディア（郵便資料）という独自の切り口から詳細に解説。退屈な通史より面白く、わかりやすい、朝鮮戦争の基本図書ともなりうる充実の内容。

日韓基本条約　シリーズ韓国現代史 1953-1965

A5 判／並製／本体 2,000 円＋税　ISBN978-4-908073-72-4 C0022

李承晩から朴正熙へ――朝鮮戦争後の復興から経済成長期へ向かうこの時期にこそ、現在の日韓関係につながる問題の原点がある！　日韓基本条約への道のりを、郵便資料を駆使して詳細にたどる。両国の関係を改めて見つめ直すための基本図書。

改訂増補版　アウシュヴィッツの手紙

A5 判／並製／本体 2,500 円＋税　ISBN978-4-908073-71-7 C0022

アウシュヴィッツ強制収容所の実態に郵便学の手法でアプローチした独創的研究！
新資料、新事実を大幅増補！
知られざる都市の歴史と収容所の実態を明らかにする。

リオデジャネイロ歴史紀行

A5 判／並製／本体 2,700 円＋税　ISBN978-4-908073-28-1 C0026

リオデジャネイロの複雑な歴史や街並みを、切手や葉書、現地で撮影した写真等でわかりやすく解説。美しい景色とウンチク満載の異色の歴史紀行！　リオデジャネイロの魅力と面白さについて、切手という小窓を通じて語る。オールカラー。